杏鲍菇瓶栽工厂化生产
实用技术手册

周　峰　李巧珍　李正鹏　主编

中国农业出版社
农村读物出版社
北　京

编 写 人 员

主　编：周　峰　李巧珍　李正鹏
副主编：李　玉　宋春艳　尚晓冬　于海龙　杨焕玲
参　编（按姓氏笔画排序）：
　　　　王瑞娟　刘四海　刘建雨　杜长甫　李　博
　　　　杨　慧　杨仁智　张　丹　张光忠　张美彦
　　　　陆　欢　林瑞虾　姜　宁　徐　珍　郭　倩
　　　　章炉军　董浩然　赖志斌　潘　辉

前　言

　　杏鲍菇（*Pleurotus eryngii*），学名刺芹侧耳，肉质肥厚、质地脆嫩、口感独特，因其子实体具有杏仁的香味和鲍鱼的口感，故名杏鲍菇，素有"平菇王""干贝菇""草原上的美味牛肝菌"之称。20 世纪90 年代中期，上海市农业科学院食用菌研究所和福建省三明市真菌研究所开始对杏鲍菇的生物学特性及其栽培技术进行研究和推广，近 30年来，杏鲍菇产业迅猛发展。据中国食用菌协会统计，2021 年我国杏鲍菇总产量已达 205.18 万 t，杏鲍菇已成为我国第二大工厂化食用菌栽培品种。

　　工厂化瓶栽杏鲍菇生产，虽然投资成本高，但产品品质好，菇体洁白、菌肉紧实、菇帽大、口感好。随着国内消费品质的提高，瓶栽杏鲍菇产品越来越受消费者青睐。瓶栽杏鲍菇产品可出口欧洲、东南亚以及美国等地，价格是袋栽杏鲍菇产品的 2 倍左右。此外，瓶栽杏鲍菇机械化程度和生产效率高，在劳动力成本上升的未来，瓶栽杏鲍菇将是今后杏鲍菇产业发展的趋势。

　　为提高广大杏鲍菇从业者的栽培水平，减少因技术原因而造成企业损失，编者从现有科研成果出发，对《杏鲍菇工厂化生产技术规程》（NY/T 3117—2017）进行解读，并总结多个大型杏鲍菇栽培企业的生产经验，编写本书。本书通过大量图片对瓶栽杏鲍菇工厂化生产的菌种制作、栽培原料、培养管理和出菇管理等方面进行了较为详细的解析，并对其关键点和操作要领进行说明，以期为工厂化瓶栽杏鲍菇企业提供参考。

　　由于编者水平有限及时间仓促，编写过程中难免有疏漏和不足之处，敬请广大读者批评指正。

编　者

2022 年 12 月

目　　录

第1章 概 述

1.1 杏鲍菇的分类地位

杏鲍菇（*Pleurotus eryngii*）学名刺芹侧耳，隶属于担子菌亚门（Basidiomycotina）层菌纲（Hymenomycetes）无隔担子菌亚纲（Homo-basidiomycetidae）伞菌目（Agaricales）侧耳科（Pleurotaceae）侧耳属（*Pleurotus*）。素有"平菇王""草原上的美味牛肝菌"之称（图1-1）。

图1-1 杏鲍菇

1.2 杏鲍菇的价值

1.2.1 食用价值

杏鲍菇菌柄粗壮，具有杏仁香味，菌肉肥厚似鲍鱼，质地脆嫩，故被人们称为杏鲍菇。杏鲍菇具有高蛋白、低脂肪、低糖等优点，具有很高的营养价值（图1-2、图1-3）。据测定，杏鲍菇干品含蛋白质21.44%、脂肪1.88%、总糖36.78%，且含有18种氨基酸，其中有8种为人体必需氨基酸，占氨基酸总量的42%以上。每100g干品中维生素C的含量达到21.4mg。

图 1-2　酱汁杏鲍菇　　　　　　　图 1-3　黑椒炒杏鲍菇

1.2.2　药用价值

　　杏鲍菇有益气和美容的作用，可促进人体对脂类物质的消化吸收与胆固醇的溶解，对肿瘤也有一定的预防和抑制作用；杏鲍菇还含有利尿、健脾胃、助消化的酶类，具有强身、滋补、增强免疫力的功能。日本学者的研究表明，杏鲍菇含有大量寡糖，是灰树花的 15 倍、金针菇的 3.5 倍、真姬菇的 2 倍。寡糖与肠胃中的双歧杆菌一起作用，不仅具有很好的促进消化、吸收功能，还是很好的美容保健品，更是老年人以及心血管疾病与肥胖症患者理想的营养保健食品。

1.3　杏鲍菇的栽培历史

　　杏鲍菇的开发利用较早，苏联学者瓦西里科夫（1995）将其称为草原牛肝菌。欧洲人最早开展了杏鲍菇的人工驯化栽培研究，在欧洲食用菌栽培中，侧耳类的地位仅次于双孢蘑菇。意大利栽培侧耳始于 1960 年，被认为是欧洲侧耳栽培的鼻祖；法国、意大利、印度都进行了杏鲍菇的人工栽培研究。Calleux（1956）首先对杏鲍菇子实体的发生条件作出了研究报告；Kalmar（1958）第一次进行栽培试验；Henda（1970）在克什米尔高山上发现野生杏鲍菇，并首次进行了杏鲍菇的段木栽培；Vessey（1971）分离培养出杏鲍菇菌种；Calleux（1974）用菌褶分离法获得杏鲍菇菌株，并在一定环境条件下试栽成功；Ferri（1977）首次进行杏鲍菇的商业性栽培。

　　最早栽培杏鲍菇时，以巴氏消毒处理过的麦秸秆为原料，处理后的麦秸秆与菌种混合装袋，在菌丝发满后，把菌袋埋入土中，表面覆土，使其自然出菇。从 1990 年起，我国台湾根据意大利的栽培方法进行栽培试验，用稻草代替麦秸秆作为原料，先把稻草切短，加水后堆制，以 98 ℃～100 ℃

热水浸泡 2 h～6 h 装袋，每袋装料 3 kg，接入麦粒菌种，21 ℃～23 ℃培养 1 个月，覆盖泥炭土，移至 17 ℃～19 ℃栽培室进行出菇管理。以稻草栽培杏鲍菇时，易受杂菌及病虫害感染，产量不稳定。日本杏鲍菇的栽培研究从 1993 年开始，由爱知县林业中心从我国台湾引进品种并进行栽培试验。在此之后，许多大学及一些民间研究机构也开展了这方面的工作。根据 1996 年的调查，日本全国 18 个县杏鲍菇的生产量已达到 2 000 t。20世纪 90 年代中期，上海市农业科学院食用菌研究所和福建省三明市真菌研究所开始对杏鲍菇的生物学特性及其栽培技术进行研究和推广，并且对杏鲍菇菌株间遗传差异及工厂化栽培进行研究报道，之后国内许多省份也陆续开始栽培。据中国食用菌协会统计，2021 年我国杏鲍菇总产量已达205.18 万 t，杏鲍菇已成为我国第二大工厂化食用菌栽培品种。

第 2 章　生物学特性

2.1　形态特征

2.1.1　菌丝体

杏鲍菇菌丝在培养皿内以半贴生型同心圆蔓延（图 2-1），在显微镜下具有明显的锁状联合（图 2-2）。菌丝在 24 ℃～26 ℃环境下生长速度快，一般 10 d～12 d 就可以长满培养皿或试管斜面，并具有很强的"爬壁"能力。

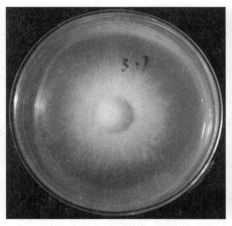
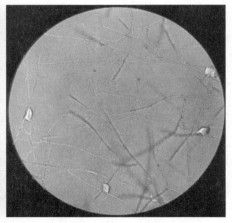

图 2-1　培养皿内的杏鲍菇菌落　　　　图 2-2　显微镜下的杏鲍菇菌丝

2.1.2　子实体

子实体单生或群生。菌盖直径 2 cm～12 cm，幼时呈弓圆形，成熟时中央浅凹，圆形或扇形，后期呈漏斗状；表面有丝状光泽、平滑、干燥；幼时淡灰墨色，成熟后浅棕色（或淡黄白色），中心周围常有放射状黑褐色细条纹；盖缘幼时内卷，成熟后逐渐平坦。菌肉白色，具杏仁味，无乳

汁分泌。菌褶向下延生，密集、
略宽、乳白色，边缘及两侧平
滑，具小菌褶（图 2-3）。菌柄
（4～12）cm×（0.5～3）cm 偏
心生至侧生，也有中生，棍棒
状至球茎状，光滑、无毛、近
白色、中实、肉白色，肉质细
纤维状。无菌环或菌幕。瓶栽

图 2-3　杏鲍菇菌褶

杏鲍菇和袋栽杏鲍菇分别见图 2-4 和图 2-5。

图 2-4　瓶栽杏鲍菇

图 2-5　袋栽杏鲍菇

2.1.3　孢子

　　显微观察发现，杏鲍菇与大多数食用菌一样，每个担子上着生 4 个担孢子，孢子近纺锤形、平滑，孢子的大小为（9.58～12.50）μm×（5.00～6.25）μm，孢子印为白色，交配型属于四极性交配系统。

2.2　生长发育条件

2.2.1　营养

　　杏鲍菇属于木腐菌，是一种分解纤维素和木质素能力较强的食用菌，生长发育要求有丰富的碳源和氮源。培养料含氮量不足，会影响产量，子实体容易开伞，品质会下降；培养料含氮量过高，则会导致生产成本上升，营养生长时间延长，影响库房周转速率。因此，在制定配方时，必须考虑培养基的含氮量，在生产成本、培养时间与产量、质量之间找出一个平衡点，通常培养料含氮量在 1.5% 左右。

2.2.1.1　瓶栽杏鲍菇生产配方

　　推荐配方一：木屑 18%、玉米芯 40%、麸皮 20%、豆粕粉 10%、玉米粉 10％、轻质碳酸钙 1％、石灰 1％，含水量 65％～67％。

推荐配方二：木屑 10％、玉米芯 51％、麸皮 12％、米糠 10％、豆粕粉 10％、玉米粉 5％、轻质碳酸钙 1％、石灰 1％，含水量 65％～67％。

2.2.1.2 原材料种类及其理化性质

(1) 木屑。木屑是食用菌栽培中最主要的碳源之一。由于不同的食用菌降解木质素的能力存在差异，因此需要使用不同种类的木屑。杏鲍菇有较强的木质素降解能力，与其漆酶的高酶活性相一致，阔叶树木屑均可用于栽培杏鲍菇，但杏鲍菇栽培周期短，一般使用软枫、杨木等速生树种的木屑，有利于菌丝对营养的吸收和利用（图 2-6、图 2-7）。此外，松、杉、桉树、橡胶树等树种的木屑，经过长期喷淋、堆积发酵处理，也可用来栽培杏鲍菇。

图 2-6　枫木木屑　　　　　　　　图 2-7　杨木木屑

木屑在杏鲍菇栽培过程中主要起提供碳源，用作填充剂、保水剂，以及调整孔隙度的作用。木屑的颗粒度直接影响培养料的通气性、含水量和菌丝生长速度。因此，根据生产需要，木屑被粉碎成不同大小的颗粒。如果木屑颗粒太细，培养料含水量高，孔隙度小，通气性差，会导致菌丝生长速度慢，菌丝发菌时间延长，从而影响菇蕾的分化和子实体的发育；如果木屑颗粒太大，培养料含水量低，孔隙度大，通气性好，前期菌丝生长速度快，则会形成很多蒸发通道，水分容易丧失，致使培养料变干，影响菌丝和子实体生长发育，从而影响杏鲍菇的产量和质量。此外，木屑颗粒度过大，菌丝降解吸收时间长，会延长发菌和出菇周期。在生产实际中，粗、细木屑应搭配使用，一般要先将木屑过筛，筛出石块、树枝等较大的杂质。

木屑粉碎后，根据栽培习惯，有的主张现粉现用，有的提倡堆置发酵一段时间后再使用。经过淋水堆置发酵，木屑中的部分有害物质被分解并随流水被冲走，且理化性质会更稳定，更有利于菌丝的分解利用，但堆置发酵将增加人工和翻堆成本，占用流动资金。此外，在堆置过程中，要注意浇水和翻堆，避免厌氧发酵和长霉，底部变酸发臭的木屑要用清水淋洗后才能使用。为防止通气不良，木屑堆不宜过高，堆场周围必须保持清洁，注意驱虫。同时，注意保护水体环境，对污水进行处理。

作为栽培主材料之一，由于受到主客观因素的影响，木屑含水量差异极大，故购买时多按体积（m³）计价。

（2）玉米芯。玉米芯的主要成分是纤维素和淀粉，含糖量较高，既是很好的碳源，又是氮源（图 2-8）。近年来，玉米芯在国内外食用菌栽培上都得到广泛利用，部分或完全替代木屑和棉籽壳，成为栽培主料。玉米芯有白玉米芯和红玉米芯两种，红玉米芯较硬，白玉米芯吸水性更好。目前，栽培杏鲍菇选择白玉米芯较多。

图 2-8　玉米芯

玉米芯组织疏松，为海绵状，通气性较好，但孔隙偏大，吸水率高达75%。玉米芯破碎加工前，应暴晒至足干，防止霉变。玉米芯的粉碎方法主要有捶打式和切片式，通过直接捶打加工成的玉米芯颗粒差异度较大，直径为 1 mm~8 mm；通过先切片再捶打加工成的玉米芯颗粒差异度较小，直径为2 mm~6 mm，并且其吸水性优于直接捶打加工成的玉米芯颗粒，灭菌更彻底。为了降低运输成本，一般采用压缩包方式包装玉米芯（图 2-9）。采购玉米芯颗粒时，要防止掺杂玉米秸秆粉碎物以及水分含量超标。

玉米芯颗粒大小差异较大，2 mm~6 mm 直径比较合适，颗粒小于2 mm 的不应超过 30%。若超过，则对产量影响显著。大颗粒的玉米芯在短时间内难以预湿透，容易导致灭菌不彻底，从而引起污染。在工厂化生

图 2-9　玉米芯压缩包

产中，为使玉米芯能够湿透，常预湿搅拌 20 min，再与其他辅料一起搅拌，也可淋水过夜预湿。为了防止玉米芯在预湿的过程中酸败变质，一般加 1%的石灰调节 pH。

（3）甘蔗渣。甘蔗渣是甘蔗经破碎和提取甘蔗汁后的甘蔗茎的纤维性残渣，是制糖工业的主要副产品之一，每生产 1 t 蔗糖就会产生 2 t～3 t 甘蔗渣（图 2-10）。甘蔗渣以纤维素、半纤维素、木质素为主，粗蛋白、淀粉和可溶性糖等含量较少（表 2-1），可为食用菌提供碳源。甘蔗渣的优点是具有较高的孔隙度和持水力等，在我国南方杏鲍菇栽培中已得到广泛应用。甘蔗渣偏酸性，在培养料配制过程中，可添加石灰调节 pH。甘蔗渣生产具有季节性，需要存储。购买来的甘蔗渣先用破碎机破碎，充分预湿后建堆发酵，上部覆盖一层木屑，避免甘蔗渣出现链孢霉而污染厂区环境（图 2-11）。

图 2-10　粗甘蔗渣

图 2-11　甘蔗渣堆置发酵

表 2 - 1　甘蔗渣成分

成分	纤维素	半纤维素	木质素	淀粉	灰分	可溶性糖	粗蛋白	糠醛酸
含量（％）	35.4	20.6	18.6	1.5	8.3	2.8	3.8	3.3

注：表中各成分含量百分比相加为 94.3％，还有 5.7％为杂质等成分。

（4）棉籽壳。棉籽壳是棉花加工后的下脚料，由籽壳和附着在籽壳上的短棉绒以及少量混杂的棉籽仁组成（图 2 - 12）。棉籽壳含有 5％～8％的粗蛋白、35％～40％纤维素，其结构疏松，孔隙度高，且保水性较好，是非常理想的食用菌栽培原材料。但棉籽壳含有棉酚，对菌丝有一定的毒害作用，配方中添加 8％～20％棉籽壳为宜，添加超过 25％会导致发菌异常和出菇畸形。近年来，发现有些棉籽壳中农药残留较高，影响菌丝蔓延和造成食品安全问题。此外，棉籽壳在梅雨季节极易发生螨害，往往随着人员走动而扩散，造成大面积污染。

图 2 - 12　棉籽壳

受市场经济的影响，棉籽壳价格波动剧烈，购买棉籽壳，要选择含绒量多、无明显刺感的，并力求新鲜、干燥、颗粒松散、色泽正常、无霉烂、无结团、无异味、无螨虫、无混杂物。

（5）麸皮。麸皮是小麦加工面粉后得到的副产物，主要由小麦的皮层和糊粉层组成（图 2 - 13）。麸皮中含有较丰富的碳水化合物、粗蛋白、淀粉酶系、维生素和矿物质等（表 2 - 2）。麸皮可调节培养料的碳氮比，促进原料利用充分，缩短栽培周期，提高食用菌产量和质量。因此，在食用菌栽培中，麸皮常作为氮源被广泛使用。

图 2-13　麸皮

表 2-2　小麦麸皮的主要成分及含量

成分	粗蛋白	粗纤维	粗脂肪	淀粉	灰分	膳食纤维
含量（%）	12~18	5~12	3~5	10~15	4~6	35~50

麸皮作为常用的原料，掺假现象也比较严重，常掺有滑石粉、稻糠、麦秆屑等杂质。生产上多采用红皮、大片麸皮，原因是其透气性较好。选用麸皮时，要尽可能保证其新鲜度和质量稳定，不使用霉变、虫蛀、潮湿结块的麸皮，最好直接向面粉厂订购，避免因为麸皮质量问题而导致杏鲍菇产品质量下降。

(6) 米糠。 米糠俗称细糠、青糠，是稻谷脱壳后精碾稻米时的副产物。在糙米生产过程中，米粒从谷壳中剥离出来，米粒外表有淡茶色的皮层，进一步加工精米过程中，剥离出来的茶色皮层，即成米糠（含有胚芽），混有少量碎米（图 2-14）。米糠中油脂含量为 14%~24%、蛋白质含量为 12%~18%、无氮浸出物含量为 33%~35%、水分含量为 7%~14%、灰分含量为 8%~12%。此外，米糠富含矿物质、B 族维生素和维生素 E 等，在食用菌栽培中，米糠既是碳源又是氮源。

米糠脂肪含量高，且大多为油酸及亚油酸等不饱和脂肪酸，容易被脂肪酶分解生成甘油、磷酸、脂肪酸和胆碱，使米糠氧化酸败。米糠酸败值随着储藏时间的延长而增大，从而导致杏鲍菇生长周期延长，产量下降明显。因此，米糠一般就近从本地米厂购买，应在短时间内使用完，不能储存过长时间，应每天检查，若发现发热、霉变，则必须及时处理。质量好的米糠色泽新鲜一致，无发热、酸败、霉变、结块、虫蛀及异味，具有淡

图 2-14　米　糠

淡的清香味，颗粒度 20 目*以上不超过 10%，口感发甜，入口即化无残渣，不掺有粗糠和其他杂质。

米糠容易滋生螨虫和霉菌。因此，存放米糠的仓库要远离培养室，且保持干燥、防止潮湿。

(7) 豆粕。 豆粕是大豆提取豆油后得到的一种副产品，根据提取方法的不同，分为一浸豆粕和二浸豆粕。一浸豆粕的生产工艺较为先进，粗蛋白含量高，是目前国内外现货市场上流通的主要品种（图 2-15）。豆

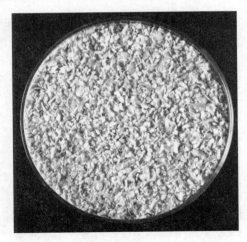

图 2-15　豆　粕

---

* 目为非法定计量单位，指每英寸筛网上的孔眼数目，1 英寸＝2.54 cm。

粕一般呈不规则的碎片状，浅黄色至浅褐色。颜色过深，表示加热过度；颜色太浅，则表示加热不足。新鲜豆粕具有烤大豆香味，没有酸败、霉变、焦化等异味，也没有生豆腥味。

豆粕中的粗蛋白含量高达40％以上，因在杏鲍菇栽培中可缩短栽培周期，提高杏鲍菇的产量和质量，而得到广泛应用。在生产中，豆粕添加量一般为5％～10％。生产厂家购入豆粕后自行粉碎为豆粕粉，有利于菌丝消化吸收，从而提高利用率（图2-16）。

图 2-16　豆粕粉

（8）玉米粉。玉米粉由玉米颗粒直接研磨而成，颜色淡黄，口感发甜，入口即化（图2-17）。玉米粉含氮量为1.3％～1.5％，低于米糠、

图 2-17　玉米粉

麸皮和豆粕。因此，在配方中添加玉米粉不是为了增加配方含氮量，而主要是利用玉米粉内含有的生物素 H。生物素 H 能延缓菌丝细胞衰老，使培养料有"后劲"，在不少食用菌的栽培中常作为增产剂而被广泛使用。玉米粉添加量一般以 2%～5%为宜，添加过量，则会延长营养生长阶段，从而导致推迟出菇。

在生产中，尽量购买玉米颗粒自行粉碎。一方面，可以保证玉米粉颗粒度，粉碎越细，越有利于利用生物素 H；另一方面，可以保证玉米粉质量，玉米颗粒质量很容易通过感官评价，而玉米粉质量却很难通过感官评价。由于玉米粉在储存过程中容易氧化变质，粉碎后应在短时间内使用完毕，避免积压。使用时，与米糠、麸皮和豆粕粉等辅料一样，应先将玉米粉与其他原材料干混均匀，再加水搅拌，调节含水量。

（9）石灰。 石灰分为生石灰和熟石灰，生石灰吸水或潮湿后则变成熟石灰，呈粉状结构，又称为氢氧化钙。用于食用菌生产的主要是生石灰（图 2-18）。配料时一般添加 1%～2%，除用于补充钙元素和调节 pH 外，还具有降解培养料中农药残留物的作用。此外，生石灰常常用作消毒剂、杀菌剂和防潮剂，被誉为食用菌栽培的"万金油"。

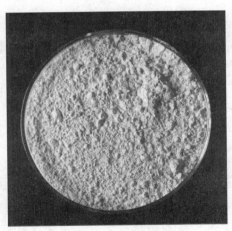

图 2-18 石 灰

（10）轻质碳酸钙。 碳酸钙化学式为 $CaCO_3$，碳酸钙难溶于水，但碳酸钙不稳定，当摇晃或加热混合液时 $CaCO_3$ 会分解成 CO_2 和 CaO，溶液中的 OH^- 较多，所以碳酸钙的水溶液呈弱碱性（图 2-19）。菌丝生长过程中会产生酸性物质，碳酸钙极易与酸性物质发生化学反应，中和酸性物质，使培养料的 pH 不会下降得过低。此外，菌丝生长产生的 CO_2 被碳酸钙吸收后生成碳酸氢钙，从而不断为菌丝生长提供钙元素。

近年来，有些企业使用贝壳粉代替轻质碳酸钙，其主要成分是碳酸钙，含量为90%～95%，另外含有机质0.9%、蛋白质1.64%，还含有磷、锰、锌、铜、铁、钾、镁等丰富的矿物质。贝壳粉具有缓释效果，能更好地调节pH。

图2-19　轻质碳酸钙

（11）其他原材料。 豆皮、豆渣、啤酒糟、甜菜渣、苎麻、红麻、木薯秆屑、木薯渣以及蚕桑业废弃物桑枝和蚕沙、葡萄废枝、农业秸秆、芦苇末等农作物下脚料均可用于栽培杏鲍菇。各生产企业应因地制宜，根据杏鲍菇生长所需的营养，选择当地丰富、廉价的资源和农作物下脚料，既可利用农林废弃物，变废为宝，又可提高经济效益。具体使用时，需要注意各原材料在配方中的比例，使培养料营养比例、持水力和孔隙度等因素适合杏鲍菇的栽培。

2.2.2　温度

杏鲍菇属于稳温结实性菌类。菌丝培养适温为25℃左右。从表2-3中可以看出，不同培养温度对杏鲍菇菌丝生长速度有显著的影响。25℃下菌丝生长最快，菌落完整，菌丝洁白、粗壮、浓密，长势也最好。杏鲍菇菌丝在15℃和35℃下生长速度较慢，生长势也较弱。因此，25℃是杏鲍菇菌丝生长的最适温度。在工厂化栽培企业实际培养过程中，培养前期菌丝发热较少，室温控制在22℃～24℃，有利于菌丝恢复；培养中期，菌丝生长迅速，发热量大，培养房温度应控制在20℃～22℃，防止烧菌；在后熟期，菌丝发热量减少，应该提高培养温度至菌丝最适生长温度25℃左右。

表 2-3　不同培养温度对杏鲍菇菌丝生长速度以及生长势的影响

温度处理 (℃)	菌丝生长速度平均值 (cm/d)	差异显著性		菌丝长势	色泽
		0.05	0.01		
15	0.25±0.001	d	D	+	洁白
20	0.33±0.001	ab	ABC	+	洁白
25	0.38±0.001	a	A	+++	洁白
30	0.34±0.002	ab	AB	++	洁白
35	0.29±0.001	c	C	+	洁白

注：同一列的不同字母表示差异显著，小写字母表示在 0.05 水平下差异显著，大写字母表示在 0.01 水平下差异显著。

温度对子实体发生和生长的影响极为显著。原基形成和子实体生长最适温度为 12 ℃～15 ℃，此温度下生长的子实体粗壮、雪白、硬实、光亮，且产量高。栽培环境温度一旦超过 18 ℃，子实体开始变软，甚至中空，产量降低，还容易感染细菌性软腐病。气温是杏鲍菇栽培成败的关键，温度低于 8 ℃时，子实体不会发生；高于 21 ℃时，子实体也难以发生，即使原基出现，也容易死亡。

2.2.3　湿度

菌丝在含水量 45％～80％的木屑培养基上均可生长。含水量在 60％～70％时，菌丝生长速度最快、浓白、旺盛；含水量在 45％～55％时，菌丝生长速度快、浓白，但菌丝未满管时，培养基表面已变干，上部菌丝开始萎缩，对子实体形成不利；含水量在 75％～80％时，菌丝生长速度减慢，稀疏呈花纹状。不同的含水量对菌丝的生长有显著的影响。配制杏鲍菇培养基时，含水量以 65％～70％为宜，因栽培区域、季节和配方不同而略有差异。

菌丝培育期间环境适宜的空气相对湿度为 60％～80％。从图 2-20 可以看出，培养前 25 d，菌丝处于非常活跃的快速生长阶段；第 25 d 之后，进入菌丝产热量少、水分散失快的回长阶段。因此，培养的前 25 d，空气相对湿度设为 60％～70％；接种第 25 d 以后，空气相对湿度设为 70％～80％。

在出菇过程中，要求空气相对湿度为 80％～95％，但不同阶段对空气相对湿度的要求有所不同。菌丝恢复阶段，空气相对湿度控制在 95％

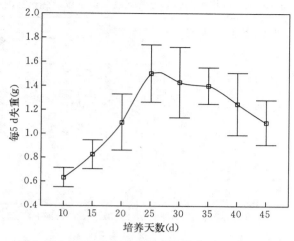

图 2-20 工厂化瓶栽杏鲍菇培养期间的失重情况

以上，经过 4 d 菌丝能够大部分覆盖培养料表面；当空气相对湿度在 91％ 以下时，菌丝恢复速度较慢。因此，较高的空气相对湿度有利于菌丝的恢复。空气相对湿度不仅影响原基出现的时间，并且对原基的数目也有较大影响。空气相对湿度控制在 95％ 以上，原基出现较早且原基数目较多；空气相对湿度在 91％ 以下，原基出现较晚且原基数目较少。空气相对湿度长期处于较低值，可能导致不形成原基。空气相对湿度控制在 91％ 左右可以得到更高的产量和更高比例的商品菇；并且，较低的空气相对湿度有利于生产过程中病虫害控制以及子实体采收后的保鲜加工、杏鲍菇产品的货架期寿命延长等。

2.2.4 光照

杏鲍菇菌丝生长不需要光线，在黑暗条件下生长良好；诱导菇蕾形成，需要有间歇的散射光刺激；子实体发育阶段，要求散射光强度为 200 lx～300 lx，杏鲍菇还具有明显的趋光性。

光源种类、光强和光照时间会影响菇蕾数量、菇帽颜色和菇帽大小。研究发现，不同光源照射对杏鲍菇单瓶总产量无显著性影响，但蓝色光源对杏鲍菇子实体个体的发育最有利（图 2-21）。蓝光照射所获得的子实体个体较大、外观形态好（菌盖较大、较厚，柄径较粗）、商品价值高。光照 6 h 即可获得外观形态较好、单瓶总产量较高的杏鲍菇，但杏鲍菇个体不是很大。因此，栽培时需要根据杏鲍菇的商品价值确定光照时间，为了节约能耗，一般每天光照 6 h 即可（表 2-4、表 2-5）。

图 2-21　不同光源照射对杏鲍菇子实体生长的影响

表 2-4　光照时间对杏鲍菇子实体形状的影响

测定指标	光照时间			
（平均值）	6 h	12 h	18 h	24 h
全长（cm）	8.4±0.6ab	7.6±0.6b	9.7±1.3a	9.8±1.4a
盖厚（cm）	1.8±0.3a	2.0±0.3a	2.1±0.4a	2.3±0.5a
盖径（cm）	4.3±0.4a	4.9±0.7a	5.0±0.9a	5.0±0.8a
柄径（cm）	2.8±0.3a	2.1±0.2b	2.5±0.4ab	2.6±0.4ab

注：同一行的不同小写字母代表差异显著（$P<0.05$）。

表 2-5　光照时间对杏鲍菇子实体生长的影响

测定指标	光照时间			
（平均值）	6 h	12 h	18 h	24 h
总重（g）	161.9±11.3a	143.9±9.6a	153.8±10.8a	156.8±12.2a
单菇重（g）	31.7±3.5b	28.2±4.1b	49.6±4.4a	49.1±4.1a

注：同一行的不同小写字母代表差异显著（$P<0.05$）。

2.2.5 空气

杏鲍菇菌丝生长和子实体发育都需要新鲜的空气。培养阶段，库房二氧化碳浓度应控制在 2 000 μL/L～3 000 μL/L。出菇过程中，当二氧化碳浓度高于 3 000 μL/L，原基形成速度以及原基数目都显著降低，并且高浓度的二氧化碳对原基形态也造成了影响（图 2-22、图 2-23）。因此，在原基形成阶段，应加强对二氧化碳的控制，注意通风换气，使二氧化碳浓度控制在 3 000 μL/L 以下。较高浓度的二氧化碳对菌盖直径、菌柄直径以及菌盖厚度的增加有抑制作用；菌柄长度随着二氧化碳浓度的增加而有增加的趋势（图 2-24 至图 2-27）。高浓度的二氧化碳条件下容易形成"瘦"的杏鲍菇，低浓度的二氧化碳条件下则易形成"胖"的杏鲍菇；二氧化碳浓度高于 3 000 μL/L，杏鲍菇的生长周期延长。为了更好地增加出口菇所占的比例，子实体生长期二氧化碳浓度控制在 1 500 μL/L 比较合适。通气不良，子实体生长极其缓慢，遇上高温、高湿天气，还会引起腐烂，产生异味。

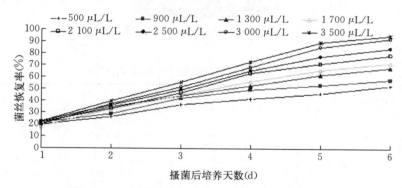

图 2-22　不同二氧化碳浓度下杏鲍菇菌丝恢复率

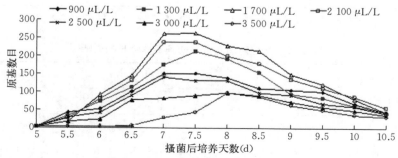

图 2-23　不同二氧化碳浓度下杏鲍菇原基数目随生长周期变化趋势

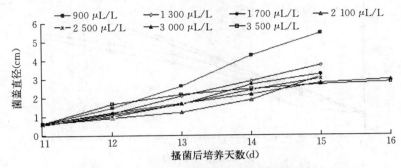

图 2-24 不同二氧化碳浓度下杏鲍菇菌盖直径变化

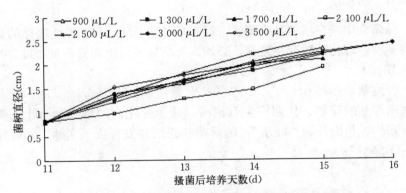

图 2-25 不同二氧化碳浓度下杏鲍菇菌柄直径变化

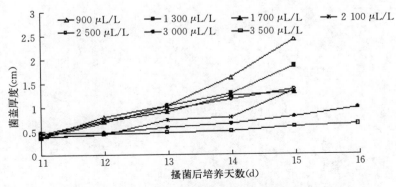

图 2-26 不同二氧化碳浓度下杏鲍菇菌盖厚度变化

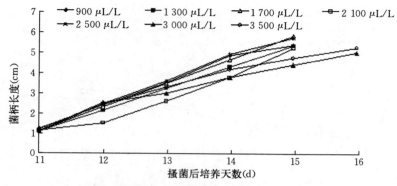

图 2-27　不同二氧化碳浓度下杏鲍菇菌柄长度变化

2.2.6　pH

　　任何食用菌在培养基中蔓延，都有最佳的 pH。由于各地选择的栽培原料不同，理化性质存在差异，必须人为添加不同比例的石灰和过磷酸钙来调节 pH。

　　杏鲍菇培养料 pH 为 7.0～8.0，发菌初期 pH 为 6.8～7.2。随着菌丝对培养基的降解、代谢产生有机酸，菇蕾分化前的培养基 pH 下降至5.8～6.0，料面开始"吐水"；随后菌丝扭结并发育成子实体，采收结束后 pH 降至 5.5～5.7。

第3章 菌　　种

目前，杏鲍菇菌种主要有固体菌种和液体菌种两种，生产企业根据自身规模和设施设备条件选择适合的菌种生产方式。液体菌种的应用是发展趋势。

3.1　固体菌种

杏鲍菇固体菌种一般由母种、三角瓶固体菌种、原种和栽培种逐级扩繁而成，制种周期长，劳动强度大、工艺烦琐，但技术要求较低，菌种耐储藏，一般适合小规模工厂化企业使用。国内现在使用的固体菌种包括木屑菌种、枝条菌种。其中，木屑菌种主要用于瓶栽杏鲍菇企业，枝条菌种则主要用于袋栽杏鲍菇企业。

3.1.1　母种

母种培养一般采用 PDA 培养基，马铃薯（去皮）200 g、葡萄糖 20 g、琼脂条（粉）18 g～20 g、水 1 000 mL，pH 自然。可适当提高培养基的营养成分，菌丝生长速度比普通 PDA 培养基培养更快。

配制培养基，马铃薯要新鲜，勿选长出嫩芽的马铃薯，长芽的地方含有龙葵素，有毒。葡萄糖、琼脂粉等药品选用质量好、杂质少的，伪劣药品制作的培养基菌丝生长慢、活力差，影响母种的质量。因此，为了保证母种的质量，生产企业一般购买进口培养基生产母种，确保母种一致、稳定。

试管母种从 4 ℃冷藏箱中取出（图 3 - 1），22 ℃～24 ℃培养箱内活化 12 h～24 h，然后转接平皿（图 3 - 2）。平皿菌种生长至整个平皿的 90% 时，再转接 1 次～2 次，菌丝活力恢复后接种三角瓶。平皿菌种一般需要培养 12 d～14 d。

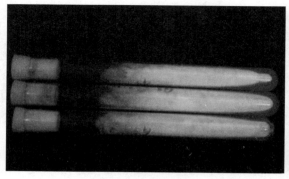

图 3-1 试管母种

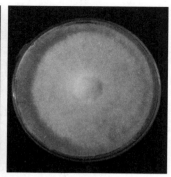

图 3-2 平皿母种

3.1.2 三角瓶固体菌种

配方为木屑 78%～82%、麸皮 15%～20%、蔗糖 1%、石灰 1%、轻质碳酸钙 1%、含水量 56%～58%。

培养基配好，装瓶，250 mL 三角瓶装料 140 g～150 g，中心打接种孔，高温高压灭菌，冷却后在超净工作台内接种。平皿菌种用 1 cm～2 cm 孔径的打孔器打孔，每瓶接种 4 块～5 块。接种孔接种 2 块～3 块，缩短发菌周期。接种后，放入菌种室 22 ℃左右恒温培养。一般培养 18 d～20 d，长满后熟 2 d～3 d，可扩繁原种（图 3-3）。

图 3-3 三角瓶固体菌种

有些企业不制作三角瓶固体菌种，而直接使用母种接原种。此法对母种的需求量大，且发菌周期长、封面慢、污染率高，不推荐使用。

3.1.3 原种和栽培种

木屑原种和栽培种的配方同三角瓶固体菌种。

培养基配好后，使用聚丙烯菌种瓶，装瓶机自动装瓶、打孔、盖瓶盖，1 100 mL 的菌种瓶，每瓶装料 680 g～750 g（图 3-4）。高温高压灭菌，净化车间冷却后，在 FFU（风机滤网单元）层流罩下接种。接种后，

图 3-4 原种和栽培种

放入菌种室 22 ℃左右恒温黑暗培养，其间挑杂 2 次～3 次。根据装料量和颗粒度不同，一般培养 25 d～30 d，长满后熟 2 d～3 d 可使用。每瓶三角瓶固体菌种可以接原种 8 瓶，每瓶原种可接栽培种 24 瓶～32 瓶。使用固体接种机，每瓶栽培种可接生产瓶 24 瓶～32 瓶。固体菌种室见图 3-5。

图 3-5 固体菌种室

3.2 液体菌种

液体菌种制作是在发酵罐中，采用液体培养基通入无菌空气并加以搅拌，以增加培养基中的溶解氧含量，并控制发酵工艺参数，获得大量菌种。液体菌种具有制种周期短、接种效率高、定植封面快、发菌周期短、菌龄一致、污染率低和生产成本低等优点，适合食用菌规模化、工厂化生产，已成为食用菌制种产业的发展趋势。利用液体菌种与固体菌种进行杏鲍菇栽培试验，结果表明，液体菌种栽培比固体菌种栽培更具有优势，除发菌快、菌龄缩短外，液体菌种出菇整齐、转潮快、畸形菇率低，产品品质档次较高。目前，福建嘉田农业开发有限公司、浙江丽水市百兴菇业有限公司等大型企业均使用液体菌种栽培杏鲍菇。杏鲍菇液体菌种的制作流程与金针菇等相似，也是由母种接种至三角瓶，三角瓶菌种放置在摇床上进行培养；三角瓶菌种培养好后，接种到发酵罐，通入无菌空气培养；发酵结束，通过液体接种机进行接种，然后培养、出菇。

3.2.1 母种

杏鲍菇液体菌种母种的制作可参考固体菌种母种的制作。

3.2.2　三角瓶液体菌种

　　杏鲍菇液体菌种培养基的最适起始 pH 为 6 左右，最适氮源为酵母浸粉与豆粕粉，最适碳源为葡萄糖。三角瓶液体菌种用于扩繁发酵罐液体菌种，菌丝量比发酵罐大。因此，培养液营养一般比发酵罐高。培养液配方：白砂糖 20 g/L、豆粕粉 3 g/L、酵母浸粉 2 g/L、磷酸二氢钾 0.8 g/L、硫酸镁 0.7 g/L。配制培养液时，豆粕粉等加水后容易出现絮状沉淀，分装不均匀。因此，豆粕粉等需要逐瓶添加，而不能加水后再分装。

　　培养液配好后，每瓶加入 1 粒磁力搅拌转子，高温高压灭菌，冷却后接种。平皿菌种用 3 mm～5 mm 孔径的打孔器打孔，每瓶接种菌种 4 块～6 块（图 3-6）。放入摇床22 ℃左右恒温培养，转速 120 r/min～160 r/min。一般培养 6 d～8 d，培养结束后，用磁力搅拌器将菌球打碎，然后接种于发酵罐。

图 3-6　三角瓶液体菌种

3.2.3　空气处理系统

　　室外空气必须经过除水、除油、除菌和控温等程序，进行严格处理后才能通入发酵罐。一般处理程序为空气压缩机—储气罐—Q 级过滤器—冷干机—P 级过滤器—S 级过滤器—吸附式干燥机—P 级过滤器—S 级过滤器—恒温处理器—不锈钢细菌过滤器—发酵罐（图 3-7）。

图 3-7　空气处理系统

　　根据发酵罐的大小和数量来确定用气量，然后选择相应功率的空气压缩机、储气罐、冷冻式干燥机和过滤器。空气压缩机一般选用螺杆式空气压缩机，运作平稳，故障率低。储气罐和过滤器需安装自动排水器，每天人工检查和排水一次，以确保管道内的油、水及时排出。过滤器的滤芯和吸附式干燥机内的干燥剂应根据使用情况定期更换。

3.2.4　发酵罐菌种的制作

　　培养液配方：白砂糖 20 g/L、豆粕粉 3 g/L、磷酸二氢钾 0.6 g/L、硫酸镁 0.6 g/L。发酵罐培养液与三角瓶菌种配方基本一致，还需添加少量消泡剂。根据配方，将各营养成分加入水桶等容器内，加水充分搅拌，然后过筛加入发酵罐中。将发酵罐推入灭菌器内高温高压灭菌，灭菌结束后拉入冷却间，通气保持罐内正压，淋水冷却（图 3-8）。冷却后拉入接种室，在 FFU 层流罩下通气正压接种。接种后通入无菌空气培养。一般培养 8 d~9 d，结束后使用液体接种机接种到栽培瓶。

图 3-8　发酵罐液体菌种

　　在培养过程中，前 3 d 菌丝量增长缓慢；第 4 d 开始快速增长，从第 4 d 到第 8 d，菌丝量每天的增长量维持在 5×10^{-4} g/mL 以上；第 9 d 之后，菌丝量增长速度开始变缓，菌丝量也逐渐趋于平稳；到了培养后期，菌丝量开始略微有所下降。杏鲍菇发酵罐培养菌丝量变化规律基本符合生物界群体增长的"S"形曲线。

　　从第 2 d 到第 4 d，二氧化碳浓度基本维持在 400 μL/L~650 μL/L；第 4 d 之后，随着菌体生长进入对数期，呼吸产生更多的二氧化碳；第 8 d 到第

11 d，二氧化碳浓度维持在 1 700 μL/L 以上，此时菌体生长处于稳定期，细胞产生数量与衰亡数量基本持平，二氧化碳浓度也趋于稳定；第 11 d 以后，二氧化碳浓度有下降的趋势，这也表明菌体生长进入了衰亡期。

培养期间二氧化碳浓度变化曲线与菌体生长的调整期、对数期、稳定期和衰亡期相符合，如果某个时期二氧化碳浓度突然异常升高，则可能是杂菌的污染，一般是细菌污染，此时发酵罐培养液作废并及时清理。因此，在生产中，二氧化碳浓度可作为发酵罐培养液中杏鲍菇菌丝是否正常生长的一个辅助指标，测得二氧化碳浓度在 1 700 μL/L 以上时，为对数生长期，即接种时期。

发酵罐液体培养在接种初期 pH 为 6.26；在培养的初期即前 3 d，pH 基本不变，维持在 6.2 以上；第 4 d 后，随着菌丝体快速生长，代谢产物有所积累，pH 略有下降；第 9 d 下降至 6.1 以下，随着菌丝体生长进入稳定期与衰亡期，代谢产物或分泌物积累，pH 下降速度变快；第 11 d 开始，pH 下降到 6 以下；第 15 d，pH 已下降至 4.85 左右。从培养开始到结束，pH 变化在 0.5 以内。

3.3　菌种保藏

菌种退化和老化是菌种生产中最严重、最突出的问题。因此，想要在较长的时间内保持菌种的优良种性，应该在保藏过程中尽量减少其细胞生长和分裂次数。长期保藏的方式主要有液氮保藏（图 3-9）、超低温冰箱保藏（图 3-10）；短期保藏方式主要是 4 ℃冰箱保藏。

图 3-9　液氮保藏　　　　　　　　图 3-10　超低温冰箱保藏

第4章 《杏鲍菇工厂化生产技术规程》（NY/T 3117—2017）解读

4.1 前言

【标准原文】

前　言

本标准按照 GB/T 1.1—2009 给出的规则起草。

本标准由农业部种植业管理司提出并归口。

本标准起草单位：上海市农业科学院食用菌研究所。

本标准主要起草人：李玉、周峰、谭琦、李正鹏、李巧珍、于海龙、郭力刚。

【内容解读】

食用菌作为国际公认的健康食品，在国内外市场极为畅销。近年来，全球食用菌产业的发展速度很快，食用菌产量每年以 7%～10% 的速度增长，而我国食用菌产量的年增长速度更是高达 20% 左右，并保持良好的增长态势。传统的食用菌栽培模式主要以季节性栽培为主，这种栽培模式虽然初期投资成本低，但其机械化程度也低，单位成本高，是劳动力密集型产业。并且，其生产技术不易规范，产品质量难以控制，生产效益较差。随着我国经济的发展，劳动力成本越来越高，设施化袋栽模式的缺点逐渐显现，大城市用工荒的问题不可忽视。

随着工业技术和设备的引入，食用菌的栽培模式逐渐转变为工厂化周年生产，具有集约化、工厂化、标准化的特点。其机械化程度高，产品质量易于控制，单位成本低。同时，由于其具有高集成性和机械化的优点，从而节约了土地和劳动力，是我国食用菌栽培模式发展的大趋势。

杏鲍菇中文学名刺芹侧耳，拉丁学名 *Pleurotus eryngii*，隶属于真菌门担子菌亚门伞菌目侧耳科侧耳属。我国从 20 世纪 90 年代开始，在杏鲍菇的生物学特性、菌种选育和栽培技术等方面开展了大量研究，取得了很多科研成果，是近年来开发栽培较为成功的集食用、药用于一体的食用菌品种。菇体具有杏仁香味，肉质肥厚，口感鲜嫩，味道清香，营养丰富，能烹饪出几十道美味佳肴。还具有降血脂、降胆固醇、促进胃肠消化、增强机体免疫能力、防治心血管病等功效，极受人们喜爱，市场价格比平菇高 3 倍～5 倍。

工厂化杏鲍菇栽培采用自动化控制设备和装置，集成各种测量仪器仪表，自动调节温度、湿度、水分、通风和光照等环境条件，用塑料瓶作为栽培容器，在拌料、装瓶、灭菌、接种、菌丝培养、出菇管理、产品包装等方面均实现了机械化、自动化、工厂化，这种生产模式也代表了国际先进水平。

目前，国内杏鲍菇工厂化栽培发展势头迅猛，工厂化栽培企业越来越多。《杏鲍菇无公害生产技术规程》（DB13/T 920—2007）和《北方杏鲍菇栽培技术规程》（LY/T 2040—2012）对常规模式的杏鲍菇栽培进行了规范。《杏鲍菇工厂化生产技术规程》（NY/T 3117—2017）规范了杏鲍菇的工厂化生产，有利于行业的健康稳定发展，本标准由上海市农业科学院食用菌研究所按照 GB/T 1.1—2009 给出的规则起草，由农业部种植业管理司提出并归口。

4.2 范围

【标准原文】

1 范围

本标准规定了瓶栽杏鲍菇工厂化生产的产地环境、栽培原料、设施与设备、栽培管理、病虫害防控、预冷与包装、储存、运输等技术要求。

本标准适用于瓶栽杏鲍菇（*Pleurotus eryngii*，学名刺芹侧耳）的工厂化生产。

【内容解读】

《杏鲍菇工厂化生产技术规程》（NY/T 3117—2017）规定了瓶栽杏鲍菇工厂化生产的产地环境（包括厂区环境、厂区布局和栽培环境）、栽培原料（包括原料质量、原料储存）、设施与设备、栽培管理（包括培养料配制、装瓶、灭菌、冷却、接种、培养条件、搔菌、出菇条件、采收）、病虫害防控、预冷与包装、储存、运输等技术要求。《杏鲍菇工厂化生产技术规程》(NY/T 3117—2017) 适用于瓶栽杏鲍菇的工厂化生产。

4.3 规范性引用文件

【标准原文】

2 规范性引用文件

下列文件对于本文件的应用是必不可少的。凡是注日期的引用文件，仅注日期的版本适用于本文件；凡是不注日期的引用文件，其最新版本（包括所有的修改单）适用于本文件。

GB 5749　生活饮用水卫生标准

GB 9687　食品包装用聚乙烯成型品卫生标准

GB 9688　食品包装用聚丙烯成型品卫生标准

HG 2940　饲料级　轻质碳酸钙

NY/T 528　食用菌菌种生产技术规程

【内容解读】

GB 5749 规定了生活饮用水水质卫生要求、生活饮用水水源水质卫生要求、集中式供水单位卫生要求、二次供水卫生要求、水质监测和水质检验方法。在杏鲍菇工厂化生产过程中，培养基配制、菌种制作、灭菌、培养和出菇所用水的水质应符合 GB 5749 的要求。

GB 9687、GB 9688 已于 2017 年 4 月 19 日被《食品安全国家标准　食品接触用塑料材料及制品》(GB 4860.7—2016) 所取代，GB 4860.7—2016 适用于食品接触用塑料材料及制品，包括未经硫化的热塑性弹性体材料及制品。对食品接触用塑料材料及制品原料、感官、理化指标、添加剂、迁移试验、标签标识等作出了要求。杏鲍菇包装所用材料应符合 GB 4860.7—2016 的要求。

HG 2940 规定了饲料级轻质碳酸钙的要求、试验方法、检验规则、标志、标签、包装、运输和储存。栽培用轻质碳酸钙的外观以及碳酸钙、钙、水分、盐酸不溶物、重金属、砷、钡盐含量均应符合 HG 2940 的要求，标志、标签、包装、运输、储存也应符合 HG 2940 的要求。

NY/T 528 规定了食用菌菌种生产的场地、厂房设置和布局、设备设施、使用品种、生产工艺流程、技术要求、标签、标志、包装、运输和储存等。《杏鲍菇工厂化生产技术规程》(NY/T 3117—2017) 中杏鲍菇菌种的制作应符合 NY/T 528 的要求。

4.4 产地环境

【标准原文】

3 产地环境

3.1 厂区环境

杏鲍菇工厂化生产厂区应地势平坦，排灌方便，3 km 以内无工矿企业污染源，1 km 以内无生活垃圾堆放和填埋场、工业固体废弃物与危险废弃物堆放和填埋场等。

3.2 厂区布局

根据栽培工艺，厂区宜分为原料仓库、装瓶区、灭菌区、冷却区、接种区、培养区、出菇区、产品储藏冷库等。

3.3 栽培环境

栽培环境应洁净、密闭，可对温度、湿度、光照、通风等栽培条件进行调控。

【内容解读】

（1）**厂区环境。**对于企业而言，建造工厂最重要的目的就是赢利并实现利润最大化。为达到这一目的，最重要的途径有两个：一是降低成本，二是提升品质。因此，工厂的选址也是紧紧围绕这两个途径进行的。

① 区位优势明显，交通便利。工厂选址应靠近产品的目标市场，如果有多个目标市场，至少靠近其中之一或最主要的目标市场。综合考虑土地成本、原辅料成本、能源成本、人工成本、交通运输成本等，选址最好在市郊，若离城市太近，工人承担不起房租和生活费用；若离城市太远，则不利于吸引中高层次人才。如果选址附近有电厂，可以有效降低能源成本。

② 园区配套设施相对完善。因为企业正常生产需要大量水和电，如果经常性停水和停电，则会给食用菌正常生产带来巨大的挑战，有时甚至造成灾难性的后果。如果园区有条件，一定要选择双回路供电。

③ 无影响产品质量的污染源。3 km 以内无工矿企业污染源，1 km 以内无生活垃圾堆放和填埋场、工业固体废弃物与危险废弃物堆放和填埋场等。

④ 当地政府扶持。当地政府扶持包括土地支持、项目支持、贷款扶持等。如果有这些政策的支持，将会减轻建厂初期的资金压力。

（2）**厂区布局。**瓶栽杏鲍菇生产流程如图 4-1 所示。

图 4-1 瓶栽杏鲍菇生产流程

根据生产流程，厂区宜分为原料仓库、装瓶区、灭菌区、冷却区、接种区、培养区、出菇区、产品储藏冷库等。

(3) 栽培环境。 为了避免出菇过程中的杂菌污染，应保持栽培环境洁净、密闭。并且，在该栽培环境下，可对温度、湿度、光照、通风等栽培条件进行调控。

4.5 栽培原料

【标准原文】

4 栽培原料

4.1 原料质量

原料要求新鲜、洁净、干燥、无虫、无霉、无异味。水和轻质碳酸钙应分别符合 GB 5749 和 HG 2940 的规定。

4.2 原料储存

检验合格的木屑可存放于室外。其他原材料应储放在通风良好、干燥的仓库内，材料与地面用垫仓板隔离。

【内容解读】

杏鲍菇栽培常用的原料有木屑、玉米芯、棉籽壳、米糠、麸皮、豆粕、玉米粉、轻质碳酸钙、石灰、甘蔗渣。原材料的质量会影响培养料的营养和 pH，从而影响菌丝生长。所以，原料要求新鲜、洁净、干燥、无虫、无霉、无异味。培养料配制所用水不得含有病原微生物、化学物质、放射性物质，不得危害人体健康，感官性状良好，应经消毒处理。水质常规指标及限值、非常规指标及限值，水中消毒剂常规指标及限制应符合表4-1、表4-2、表4-3的要求。轻质碳酸钙应为白色粉末，应符合下列要求：碳酸钙（$CaCO_3$）含量（以干基计）$\geqslant$98.0%，钙（Ca）含量（以干基计）$\geqslant$39.2%，水分含量$\leqslant$1.0%，盐酸不溶物含量$\leqslant$0.2%，重金属（以 Pb 计）含量$\leqslant$0.003%，砷（As）含量$\leqslant$0.0002%，钡盐（以 Ba 计）含量$\leqslant$0.030%。

检验合格的木屑、甘蔗渣可存放于室外。其他原材料应储放在通风良好、干燥的仓库内，材料与地面用垫仓板隔离。

表4-1 水质常规指标及限值

指标	限值
1. 微生物指标[a]	
总大肠菌群（MPN/100 mL 或 CFU/100 mL）	不得检出
耐热大肠菌群（MPN/100 mL 或 CFU/100 mL）	不得检出
大肠埃希氏菌（MPN/100 mL 或 CFU/100 mL）	不得检出
菌落总数	100
2. 毒理指标	
砷（mg/L）	0.01
镉（mg/L）	0.005
铬（六价）（mg/L）	0.05
铅（mg/L）	0.01
汞（mg/L）	0.001
硒（mg/L）	0.01
氰化物（mg/L）	0.05
氟化物（mg/L）	1.0
硝酸盐（以 N 计）（mg/L）	10（地下水源限制时为20）

（续）

指标	限值
三氯甲烷（mg/L）	0.06
四氯化碳（mg/L）	0.002
溴酸盐（使用臭氧时）（mg/L）	0.01
甲醛（使用臭氧时）（mg/L）	0.9
亚氯酸盐（使用二氧化氯消毒时）（mg/L）	0.7
氯酸盐（使用复合二氧化氯消毒时）（mg/L）	0.7
3. 感官性状和一般化学指标	
色度（铂钴色度单位）	15
浑浊度（NTU-散射浊度单位）	1
臭和味	无异臭、异味
肉眼可见物	无
pH（pH 单位）	不小于 6.5 且不大于 8.5
铝（mg/L）	0.2
铁（mg/L）	0.3
锰（mg/L）	0.1
铜（mg/L）	1.0
锌（mg/L）	1.0
氯化物（mg/L）	250
硫酸盐（mg/L）	250
溶解性总固体（mg/L）	1 000
总硬度（以 $CaCO_3$ 计）（mg/L）	450
耗氧量（COD_{Mn} 法，以 O_2 计）（mg/L）	3（水源限制，原水耗氧量＞6 mg/L 时，为5）
挥发酚类（以苯酚计）（mg/L）	0.002
阴离子合成洗涤剂（mg/L）	0.3
放射性指标[b]	指导值
总 α 放射性（Bq/L）	0.5
总 β 放射性（Bq/L）	1

[a] MPN 表示最可能数；CFU 表示菌落形成单位。当水样检出总大肠菌群时，应进一步检验大肠埃希氏菌或耐热大肠菌群；当水样未检出总大肠菌群时，则不必检验大肠埃希氏菌或耐热大肠菌群。

[b] 放射性指标超过指导值，应进行核素分析和评价，以判定能否饮用。

表 4-2 水质非常规指标及限值

指标	限值
1. 微生物指标	
贾第鞭毛虫（个/10 L）	<1
隐孢子虫（个/10 L）	<1
2. 毒理指标	
锑（mg/L）	0.005
钡（mg/L）	0.7
铍（mg/L）	0.002
硼（mg/L）	0.5
钼（mg/L）	0.07
镍（mg/L）	0.02
银（mg/L）	0.05
铊（mg/L）	0.000 1
氯化氰（以 CN⁻ 计）（mg/L）	0.07
一氯二溴甲烷（mg/L）	0.1
二氯一溴甲烷（mg/L）	0.06
二氯乙酸（mg/L）	0.05
1，2-二氯乙烷（mg/L）	0.03
二氯甲烷（mg/L）	0.02
三卤甲烷（三氯甲烷、一氯二溴甲烷、二氯一溴甲烷、三溴甲烷的总和）	该类化合物中各种化合物的实测浓度与其各自限值的比值之和不超过1
1，1，1-三氯乙烷（mg/L）	2
三氯乙酸（mg/L）	0.1
三氯乙醛（mg/L）	0.01
2，4，6-三氯酚（mg/L）	0.2
三溴甲烷（mg/L）	0.1
七氯（mg/L）	0.000 4
马拉硫磷（mg/L）	0.25
五氯酚（mg/L）	0.009
六六六（总量）（mg/L）	0.005
六氯苯（mg/L）	0.001
乐果（mg/L）	0.08

（续）

指标	限值
对硫磷（mg/L）	0.003
灭草松（mg/L）	0.3
甲基对硫磷（mg/L）	0.02
百菌清（mg/L）	0.01
呋喃丹（mg/L）	0.007
林丹（mg/L）	0.002
毒死蜱（mg/L）	0.03
草甘膦（mg/L）	0.7
敌敌畏（mg/L）	0.001
莠去津（mg/L）	0.002
溴氰菊酯（mg/L）	0.02
2，4-滴（mg/L）	0.03
滴滴涕（mg/L）	0.001
乙苯（mg/L）	0.3
二甲苯（mg/L）	0.5
1，1-二氯乙烯（mg/L）	0.03
1，2-二氯乙烯（mg/L）	0.05
1，2-二氯苯（mg/L）	1
1，4-二氯苯（mg/L）	0.3
三氯乙烯（mg/L）	0.07
三氯苯（总量）（mg/L）	0.02
六氯丁二烯（mg/L）	0.000 6
丙烯酰胺（mg/L）	0.000 5
四氯乙烯（mg/L）	0.04
甲苯（mg/L）	0.7
邻苯二甲酸二（2-乙基己基）酯（mg/L）	0.008
环氧氯丙烷（mg/L）	0.000 4
苯（mg/L）	0.01
苯乙烯（mg/L）	0.02
苯并（a）芘（mg/L）	0.000 01
氯乙烯（mg/L）	0.005

（续）

指标	限值
氯苯（mg/L）	0.3
微囊藻毒素-LR（mg/L）	0.001
3. 感官性状和一般化学指标	
氨氮（以 N 计）（mg/L）	0.5
硫化物（mg/L）	0.02
钠（mg/L）	200

表 4-3　水中消毒剂常规指标及限值

消毒剂名称	与水接触时间（min）	出厂水中限值（mg/L）	出厂水中余量（mg/L）	管网末梢水中余量（mg/L）
氯气及游离氯制剂（游离氯）	≥30	4	≥0.3	≥0.05
一氯胺（总氯）	≥120	3	≥0.5	≥0.05
臭氧（O_3）	≥12	0.3	—	0.02（如加氯，总氯≥0.05）
二氧化氯（ClO_2）	≥30	0.8	≥0.1	≥0.02

4.6　设施与设备

【标准原文】

5　设施与设备

5.1　接种室、培养车间、出菇车间采用封闭式厂房，温度、湿度、CO_2 浓度、光照等参数能进行人工调控，满足适宜的培养和栽培要求。

5.2　工厂化生产设备应根据企业自身的条件和需要进行配备，主要有拌料机、自动装瓶机、高压蒸汽灭菌锅、接种机、搔菌机、挖瓶机、制冷设备、包装机等。

【内容解读】

（1）**厂区布局。**杏鲍菇工厂所必备的区域有锅炉房、变电室、仓库、木屑堆场、装瓶区、灭菌区、冷却区、接种区、培养区、搔菌区、栽培区、采收包装区、冷库、挖瓶区、设备部等。合理的工艺布局既有利于污染防治,还可以降低工厂的运行成本。

主要注意事项:堆场和装瓶区设置在下风向;洁净区与一般作业区的人流、物流一定要分开,降低物流的半径,减少人工及搬运器具的距离;减少能源的消耗,提高能源综合利用率;变配电设计在最主要的用电区位置;生育室等的冷量进行有效回收;锅炉房离灭菌区尽可能近;对灭菌过程中产生的热水、废蒸汽进行热量回收等。

图 4-2 接种室

接种室(图 4-2)、培养车间(图 4-3)、出菇车间(图 4-4)采用封闭式厂房,温度、湿度、CO_2 浓度、光照等参数能进行人工调控,满足适宜的培养和栽培要求。

图 4-3 培养车间

图 4-4 出菇车间

(2) 厂房地坪选择。目前,食用菌厂房地面有聚氯乙烯(PVC)地坪、金刚砂耐磨地坪、环氧自流平地坪、水磨石地坪、钢化地坪等,具体参数如表 4-4 所示。

表 4-4 不同地坪性能指标

性能指标	环氧自流平地坪	金刚砂耐磨地坪	水磨石地坪	PVC 地坪	钢化地坪
防尘效果	无尘	减少灰尘	减少灰尘	无尘	无尘
耐磨性	2~3	4~6	3~4	2~3	6 以上
莫氏硬度	2~3	5~7	5~6	2~3	7 以上
抗老化	3 年~5 年	10 年以上	5 年~8 年	2 年~3 年	20 年以上

（续）

性能指标	环氧自流平地坪	金刚砂耐磨地坪	水磨石地坪	PVC 地坪	钢化地坪
造价（元/㎡）	60～400	15～45	40～300	120～300	25～40
基本要求	要做防水层	只能用在新地面	无要求	要做防水层	新旧地面都可用
易损程度	易起壳，易留划痕，越来越旧	有脱壳现象，维修麻烦易留黑色划痕	灰尘越用越多，重物碾压易破损	易剥落，易磨损	难磨损，不起壳，使用时间越长越光亮
使用寿命	2 年～5 年	与建筑物同周期	3 年～5 年更换	2 年～3 年更换	与建筑物同周期
应用范围	高清洁度房间	对表面硬度和耐冲击要求高的房间	学校、轻工业厂房等	地铁、火车、医院等	工业厂房、大卖场、仓储物流中心、车库

从洁净区要求上来讲，环氧自流平地坪无疑是最好的，但是其造价高昂、易于损坏、难于修补，如果使用中产生破损点，遇水后就会从破损点开始起泡脱落，若不及时修复，最终将全部报废。PVC 地坪容易剥落、磨损，不建议使用。水磨石地坪在重物碾压下也易破损，不建议使用。钢化地坪是近几年兴起的一种地坪，原理是通过设备研磨将混凝土的毛细孔打开，再喷洒密封硬化剂，通过硬化剂材料与混凝土中的硅酸盐发生化学反应，增加地面的硬度、密实度，从而达到不起沙、光亮等特点，莫氏硬度可达到 7 以上，是目前造价最低、最耐用的地坪。综上所述，基于钢化地坪造价低、施工方便、不易损坏、易于保养等优点，建议在食用菌工厂全面采用钢化地坪。

（3）厂房保温材料选择。 厂房的房间与房间之间的墙体一般会采用夹芯板作为保温材料，符合消防要求的夹芯板有如下 4 种（表 4-5）。

表 4-5　不同夹芯板性能指标

性能指标	聚氨酯夹心板	不老泡夹心板	岩棉夹心板	玻璃丝棉夹心板
导热系数［W/(m·K)］	0.022	0.041	0.046	0.058
阻燃性能	B1 级	A 级	A 级	A 级
容重（kg/m³）	40	30	120	64
抗压强度（kPa）	＞220	＞100	较易变形	易变形
吸水率（％）	＜4	＜4	易吸水	易吸水
尺寸稳定系数（％）	＜0.5	＜3	密度较大，尺寸不稳定	强度较差，尺寸不稳定

建议用 B1 级聚氨酯夹心板，如果必须使用 A 级防火材料，则推荐使用不老泡夹心板。经常使用消毒剂进行地面和墙体消毒的区域，墙面板尽可能选择 SUS304 不锈钢材质，若考虑造价，也可以只在最易产生腐蚀的预冷室等区域使用。

(4) 温度控制。 在厂房的制冷系统方面，起初工厂化栽培，生产规模较小，投入资金有限，几乎全部采用的是分体式制冷机，随着工厂规模的扩大，有的企业采用中央制冷系统，现在新建的工厂都会将中央制冷系统作为首选（图 4-5）。

中央制冷系统制冷机组

水处理系统

中央制冷系统管道

制冷内机

图 4-5 中央制冷系统

(5) 湿度控制。 湿度是维持食用菌正常生长必不可少的因素，在杏鲍菇栽培过程中，无论是培养房还是生育室均需加湿。目前，在食用菌工厂中，主流的加湿器主要有 3 种：超声波加湿器（图 4-6）、高压微雾加湿器和二流体加湿器。由于杏鲍菇现蕾过程中对加湿器的雾化粒径要求较高，因此目前绝大部分瓶栽杏鲍菇工厂在生育室内依然采用超声波加湿器。

图 4-6 超声波加湿器

　　工厂化生产设备应根据企业自身的条件和需要进行配备，主要有拌料机（图 4-7）、自动装瓶机（图 4-8）、蒸汽锅炉、高压蒸汽灭菌锅（图 4-9）、接种机（图 4-10、图 4-11）、搔菌机（图 4-12）、挖瓶机（图 4-13）、制冷设备以及包装机等。

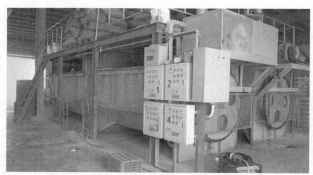

图 4-7 拌料机

图 4-8 自动装瓶机（4 000 瓶/h～11 000 瓶/h）

图 4-9 高压蒸汽灭菌锅

图 4-10 固体接种机

图 4-11 液体接种机

图 4-12 搔菌机 (4 000 瓶/h)

图 4-13 挖瓶机

4.7 栽培管理

4.7.1 培养料配制

【标准原文】

6 栽培管理

6.1 培养料配制

6.1.1 推荐配方

杏鲍菇工厂化生产推荐配方如表1所示。

表1 杏鲍菇工厂化生产推荐配方

单位为百分率

项目	木屑	玉米芯	麸皮	米糠	豆粕粉	玉米粉	轻质碳酸钙	石灰
配方1	18	40	20	—	10	10	1	1
配方2	10	51	12	10	10	5	1	1
注：以上配方比例为质量比。								

6.1.2 培养料制备

按照配方要求称取各种原材料，采用机械搅拌，使原材料充分混合均匀，应在4 h内完成装瓶，以防止酸败。调节含水量至65％～67％。

【内容解读】

杏鲍菇属于木腐菌，是一种分解纤维素和木质素能力较强的食用菌，生长发育要求有丰富的碳源和氮源。培养料含氮量不足，会影响产量，子实体容易开伞，品质下降；培养料含氮量过高，则会导致生产成本上升，营养生长时间延长，影响库房周转速率。因此，在制定配方时，必须考虑培养基的含氮量，在生产成本、培养时间与产量、质量之间找出一个平衡点，通常培养料含氮量在1.5％左右。

杏鲍菇工厂化生产推荐配方如下。

配方1：木屑18％、玉米芯40％、麸皮20％、豆粕粉10％、玉米粉10％、轻质碳酸钙1％、石灰1％。

配方2：木屑10％、玉米芯51％、麸皮12％、米糠10％、豆粕粉10％、玉米粉5％、轻质碳酸钙1％、石灰1％。

其中，木屑在栽培过程中主要起提供碳源，用作填充剂、保水剂和调整孔隙度的作用。杏鲍菇有较强的木质素降解能力，与其漆酶的高酶活性相一致，阔叶树木屑均可用于栽培杏鲍菇，但杏鲍菇栽培周期短，一般使用杨木、软枫等速生树种的木屑，有利于菌丝吸收和利用。此外，松、杉、桉树、橡胶树等树种的木屑，经过长期喷淋、堆积发酵处理，也可用来栽培杏鲍菇。玉米芯颗粒直径在 2 mm～6 mm 比较合适。麸皮提供氮源。米糠既是氮源，也是碳源。轻质碳酸钙既起到调节 pH 的作用，又能提供钙。石灰除用于补充钙元素和调节 pH 外，还具有降解培养料中农药残留的作用。

根据生产配方进行备料，按照先进先出的原则，入库早的原料优先使用。备料时，检查原料的质量，发现有霉变情况，应及时向仓库管理人员或生产主管汇报。

将木屑、玉米芯、麸皮、米糠、豆粕粉、玉米粉、轻质碳酸钙、石灰等原料加入搅拌锅内，干拌 10 min～20 min，然后加水搅拌 40 min～60 min，调节含水量和 pH，然后装瓶，要在 4 h 内完成装瓶，防止酸败。为了使原料搅拌更加充分和均匀，大多数企业采用二级搅拌，有些企业甚至采用三级搅拌。

木屑在堆置发酵过程中，应定期浇水翻堆，使木屑充分预湿，避免厌氧发酵。玉米芯因其物理性质的特殊性，吸水较慢，可提前 1 d 进行淋水预湿。为了防止酸败变质，可以添加 1% 左右的石灰调节 pH。有些企业将木屑、玉米芯等粗料按比例充分混合后一起堆置发酵，充分预湿，可提高培养料的含水量，有利于灭菌彻底。

食用菌生长发育所需要的水分绝大部分来自培养料。培养料含水量是影响菌丝生长和出菇的重要因素，只有含水量充足时，才能形成子实体。但含水量过多，又会影响培养料内的空气流通，致使菌丝因呼吸困难而无法生长，还会使细胞原生质稀释过度，从而降低抵抗力，并加速其衰老。杏鲍菇培养料含水量以 65%～67% 较为适宜，为了提高培养料含水量的精确性，一般使用流量计或计时器加水。根据配方要求，加水至规定水量的 90% 左右时，及时检测含水量，然后根据检测结果确定剩余的加水量。夏季高温时，为了防止培养料在搅拌过程中酸败变质，对水进行预冷后再加入搅拌锅内。

4.7.2 装瓶

【标准原文】

6.2 装瓶

6.2.1 容器

选用清洁、无破损的栽培瓶和瓶盖。瓶盖内无纺布应无破损、无堵塞；栽培瓶应为耐高温高压的塑料瓶。

6.2.2 装瓶

装瓶高度为瓶口以下 1.0 cm～1.5 cm，松紧度均匀，瓶肩无空隙，中间打孔至瓶底，盖紧瓶盖。建议 1 100 mL 栽培瓶宜装填原料湿重（740±15）g，其他容积栽培瓶装瓶量可自行优化。

【内容解读】

栽培瓶由聚丙烯塑料制成，耐高温高压，可重复使用。目前，栽培瓶容量主要有 850 mL、1 100 mL、1 200 mL 和 1 400 mL 等规格，瓶口直径 70 mm～80 mm，国内栽培瓶容量有朝大容量发展的趋势。选用清洁、无破损的栽培瓶和瓶盖；瓶盖内无纺布也应无破损、无堵塞。

培养料充分搅拌结束后，通过传送带运送至自动装瓶机进行装瓶、打孔和盖瓶盖等操作，装料要求松紧度均匀，装料高度在瓶肩至瓶口的 1.0 cm～1.5 cm 为宜，松紧度均匀，瓶肩无空隙。采用韩国产的直线装瓶机，每小时可装瓶 7 000 瓶～10 000 瓶。

1 100 mL 的栽培瓶建议装湿料（740±15）g，1 400 mL 的栽培瓶装湿料 950 g 左右，其他容积栽培瓶的装料量可自行优化。在装瓶过程中，定时监测装料质量，若超出误差范围，及时调整机器设备。装料质量误差以小于 30 g 为宜，若装料误差过大，会影响发菌和出菇的一致性和稳定性，延长栽培周期。

填料之后机械打孔，打 1 孔或打 5 孔。打 5 孔，孔径 10 mm～15 mm，适合接种液体菌种；中心打 1 孔，孔径 20 mm～25 mm，适合接种固体菌种，由于固体菌种颗粒较大，孔径大则菌种能掉入接种孔底部，从而提高发菌的一致性。

打孔后机械盖瓶盖，然后机械手将瓶筐推入灭菌小车，放入灭菌锅等待灭菌。

4.7.3 灭菌

【标准原文】

6.3 灭菌

装瓶结束后应立即将栽培瓶放入高压灭菌锅中，121 ℃保持 120 min。

【内容解读】

在食用菌工厂化生产中，灭菌是最重要的一环。食用菌近 50％的病害源于灭菌工序，灭菌是否彻底，直接关系后期菌袋（瓶）的污染率，影响整体生产的稳定性和效益。灭菌的主要目的是除去有害菌，同时除去培养基内的有害物质，以及提高培养基的品质。

灭菌小车装满灭菌锅后及时灭菌，从拌料、装瓶到开始灭菌，总时长不宜超过 3 h，尤其是在高温季节，培养料容易酸败变质。灭菌前，培养基内部杂菌数量增加将提高灭菌时杀灭有害杂菌的难度。此外，代谢物的累积（pH 降低）也会明显妨碍接种后菌丝的生长。酸败后的培养基，即使杂菌已被杀死，残存的大量代谢物也会严重影响菌丝生长，导致产量降低。因此，如果搅拌装瓶时间过长，来不及灭菌，应设置小冷库，将装好的栽培瓶放入冷库等待灭菌。

目前，瓶栽杏鲍菇工厂基本采用方形抽真空脉冲排汽双开门灭菌锅，灭菌锅尺寸可根据生产规模定制。抽真空可以将瓶内冷空气强制排空，消除灭菌锅的冷点，排除温度"死角"和"小装量效应"，以确保灭菌彻底。由于灭菌锅内空气被强制排出，氧气含量减少，栽培瓶不易被氧化，从而增加使用次数和寿命。

灭菌过程中，料温达到 100 ℃的时间，较仓温迟 50 min～55 min，设置 100 ℃保温 90 min 以上时，料温在 100 ℃可以维持 10 min～15 min，料温和仓温可以同步上升到 121 ℃，有效灭菌时间与设定时间完全相同，如此调整设置灭菌程序更加合理（图 4-14）。料温达到 121 ℃后，继续保持60 min～90 mim，即可灭菌彻底。

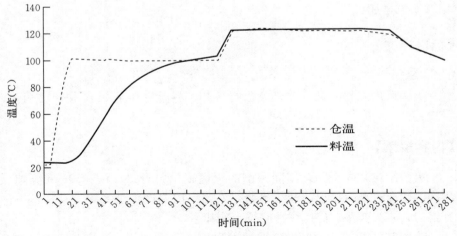

图 4-14 仓温和料温变化曲线

蒸汽锅炉蒸发量与灭菌锅容量和数量需匹配，蒸发量太小，灭菌时升温慢，灭菌时间长，培养料容易酸败变质，灭菌后 pH 下降；蒸发量过大，投资增加，使用成本高。蒸汽压力一般用减压阀调整为 0.4 MPa～0.5 MPa。

配料、装瓶、灭菌各工序完成后，及时如实填写记录单（表 4－6），交给生产主管，并录入计算机建档保管，实现实时追溯。

表 4－6　配料、装瓶记录单

日期		批次		天气			
开始搅拌时间		加水量		装瓶数量			
装瓶开始时间		装瓶结束时间		灭菌前含水量		灭菌前 pH	
灭菌开始时间		灭菌结束时间		灭菌后含水量		灭菌后 pH	
配方（kg）	木屑	玉米芯	甘蔗渣	棉籽壳	麸皮	玉米粉	豆粕
	米糠	轻质碳酸钙	石灰	其他			
整筐质量（kg）							
单瓶质量（g）							
备注							
				记录员：		巡检员：	

4.7.4　冷却

【标准原文】

6.4　冷却

灭菌后的栽培瓶放入冷却室进行冷却，料温冷却至 25 ℃以下方可进行接种。

【内容解读】

灭菌结束，先将净化车间一侧的灭菌锅门打开 30 cm～50 cm 缝隙，将锅内热蒸汽部分排出，减少冷凝水。当锅内温度降至 80 ℃左右时，打开锅门，将灭菌小车经过缓冲间拉入冷却室。

培养基从 98 ℃冷却至 20 ℃的过程中，会吸入栽培瓶容积 50％左右的外部空气。为了防止吸入污染空气而带来的二次感染，需在使用高效过滤器的环境下进行冷却。

4.7.5　接种

【标准原文】

6.5　接种

　　宜使用自动接种机进行接种，菌种生产应符合 NY/T 528 的要求。

【内容解读】

　　当料温降至 20 ℃以下时，使用自动接种机进行接种，接种机放置在 FFU 层流罩内（图 4 - 15），局部净化达 100 级。接种前，对接种机相关部件、接头等彻底消毒灭菌。固体接种机一次接 4 瓶，每小时接种 3 500 瓶～4 000 瓶，每瓶接种量 20 g～25 g。目前，新式固体高速接种机，每小时接种 6 000 瓶～7 000 瓶。液体接种机一次接 16 瓶，每小时接种 7 000 瓶～8 000 瓶，每瓶接种量 30 mL～35 mL。接种后的栽培瓶放入控温库房内黑暗培养。

图 4 - 15　FFU

　　冷却、接种等操作均在净化车间内进行。因此，净化车间的洁净程度非常重要。进入净化车间的新风均需经过粗效、中效和高效过滤网，保持室内正压，防止室外脏空气进入。对操作人员进行"不制造菌""不积累菌""不带入菌""彻底除菌"4 项无菌化意识培训。操作人员操作要迅速。操作人员均需经过换鞋、更衣、戴帽、风淋后，方能进入净化车间。净化车间每天臭氧消毒 1 h～2 h，每周用有效成分为二氯异氰尿酸钠的气雾消毒剂熏蒸 2 次～3 次，墙面每周擦洗 2 次～3 次，地面用新洁尔灭、三氯异氰尿酸（TCCA）、漂粉精等消毒剂打扫，消毒剂轮换使用。机器和传送带等用酒精或新洁尔灭擦拭干净，次氯酸等消毒剂对机器设备具有腐蚀性。高锰酸钾和甲醛熏蒸效果好，但对人体伤害大，目前大多数企业已不推荐使用。

菌种生产应符合 NY/T 528 的要求，其具体制作见第三章。

4.7.6 培养

【标准原文】

6.6 培养条件

接种后，移入培养室，培养条件如表 2 所示。

表 2　杏鲍菇工厂化生产培养条件

培养阶段	环境温度 ℃	相对空气湿度 %	CO_2 浓度 mg/L	光照
接种后第 1 d～第 25 d	22	60～70	≤3 000	避光
接种后第 26 d～第 35 d	24	70～80	≤3 000	避光

【内容解读】

培养管理是食用菌生产一致、稳定和高产的基础。培养管理好的食用菌出菇一致、产量高并易于管理。培养时间和培养温度对工厂化瓶栽杏鲍菇的菌丝生长、菇蕾发生、子实体整齐度、产量及品质等均有显著影响。培养时间短，后熟期不足，直接导致现菇蕾晚，瓶间出菇整齐度低，产量和采收集中度都较低。而适度延长培养时间，其原基分化、现蕾时间都较早，瓶间子实体整齐度较高，且生长速度也快。

在菌丝生长过程中，释放出大量的二氧化碳。因此，要求室内有良好的通排风系统，二氧化碳浓度保持在 1 000 μL/L～3 500 μL/L 为宜。杏鲍菇菌丝最适温度为 25 ℃左右，生长速度最快，菌丝浓白、旺盛。菌丝在呼吸生长过程中释放出热量，瓶内温度一般会比室温高 3 ℃～4 ℃。为保证菌丝最佳的生长酶活力，室温一般控制在 20 ℃～22 ℃，室内相对湿度控制在 60%～70%，培养 35 d 左右。

接种后的菌种瓶通过传送带送至培养室，使用机械手或人工放置在垫仓板上，每个垫仓板每层放 4 筐或 6 筐，放 9 层～10 层，2 个垫仓板摞一起，共 18 层～20 层，加上走廊等公摊面积，平均每平方米放置 600 瓶～700 瓶。根据菌丝发热量和所需新风的不同，杏鲍菇培养一般分为前培养、后培养和后熟培养。

(1) 前培养。菌种接入栽培瓶后，菌丝逐渐恢复，并开始吃料。前期菌丝较弱，发热量较小，需要的新风量少，但对新风洁净度的要求较高，一般需要经过粗效、中效，甚至亚高效过滤网进新风。此外，前培养库房内的室内循环风机风速不能过大，由于菌种未封面，因此风速过大容易造成污染。

前培养温度 22 ℃～24 ℃，培养前期温度稍高有利于菌丝恢复、封面。但此温度条件下，杂菌繁殖速度相对较快，有些新风洁净度差的企业将前培养温度调至 18 ℃～20 ℃，以控制污染。室内相对湿度 60%～70%，若室内相对湿度过大，则污染率增加。二氧化碳浓度为 1 000 μL/L～2 500 μL/L，黑暗培养 7 d。

(2) 后培养。 前培养后期，菌丝已完全封面，菌丝长至瓶口以下 1 cm～2 cm，此时可将栽培瓶转移至后培养区。此阶段菌丝生长迅速，呼吸加强，发热量剧增，新风需求大。

后培养温度为 20 ℃～22 ℃，此时菌丝发热量大，瓶内温度比室温高 3 ℃～4 ℃。若温度过高，会造成烧菌现象，一般以瓶间温度不超过 23 ℃ 为宜。烧菌后的菌丝抵抗能力弱，容易出现病害，出菇不整齐，产量低。空气相对湿度为 60%～70%，若空气相对湿度过低，培养料水分蒸发快，含水量降低，影响出菇产量。二氧化碳浓度为 2 500 μL/L～3 000 μL/L，黑暗培养 18 d。抗杂能力强，对新风洁净度要求降低，一般经过粗效、中效过滤网即可。

(3) 后熟培养。 菌丝长满后，还需一段时间的后熟培养，对营养进行进一步消化和吸收，养分在菌丝内充分蓄积并完成形成原基前的准备。当培养料温度与室温几乎无差异时，即可进入搔菌程序。后熟时间并非越长越好，过长的后熟期不仅会增加企业的生产成本，影响库房周转率，还容易导致菌丝老化，瓶内失水率增加，直接影响原基正常分化和抵抗能力以及子实体的生长发育，其产量和品质也不高。

后熟培养菌丝呼吸作用减弱，发热量也逐渐趋于平稳，可适当提高培养室温度，减少通风量。后熟培养可与后培养在同一区域，也可单独设置后熟区。单独设置后熟区，换区时可以将上下垫仓板交换，增加上下层菌瓶的均匀性，也更易于调控培养参数，但会增加运输和人力成本。

后熟培养温度为 24 ℃，空气相对湿度为 70%～80%，二氧化碳浓度为 2 500 μL/L～3 000 μL/L，黑暗培养 10 d。

菌丝长满后，尽量保持培养室温度稳定，尤其需要避免低温刺激；否则，容易在培养阶段提前形成原基，将瓶盖顶掉（图 4 - 16）。

图 4 - 16　培养阶段低温刺激出菇

4.7.7　搔菌

【标准原文】

6.7　搔菌

对培养期满、无杂菌的菌瓶进行搔菌，搔去老菌块及老菌皮，并搔平料面。

【内容解读】

培养成熟的菌瓶进入生育室出菇前，需进行搔菌作业（图4-17）。搔菌是利用搔菌机，将瓶口1 cm～2 cm的老菌皮挖掉，通过造成表面菌丝损伤以刺激菌丝快速扭结形成原基，从而形成子实体。搔菌机每小时可处理6 000瓶～7 000瓶。

搔菌前　　　　　　　　　　　　　　搔菌后

图4-17　搔　菌

杏鲍菇不搔菌也可正常分化形成原基，但搔菌后的新生菌丝活力旺盛，在温度、湿度、光照与二氧化碳刺激下，新生菌丝能更快地表现出应激性反应。所以，搔菌的菌丝比老菌皮先形成原基。此外，搔菌可提高出菇的产量和一致性，并可通过定点搔菌和控制搔菌深度，实现定点出菇或控制菇蕾数量，减少疏蕾工作。搔菌时，应特别注意将污染的菌瓶及时挑出，不能进入搔菌机，以免污染刀头，从而避免出菇时造成大面积的污染。搔菌后，杏鲍菇菌丝抵抗力弱，易感染，因此，搔菌是导致杏鲍菇出现病害的重要原因。搔菌刀头需定时用酒精擦拭和灼烧消毒，以减少污染。

瓶栽金针菇、蟹味菇和白玉菇等品种搔菌后一般加15 mL～20 mL

水，补充培养基水分，但杏鲍菇搔菌后不能加水，加水会导致培养料水分过大，从而造成出蕾慢、菇蕾多、污染严重等问题。

出菇初期相对湿度大，如瓶口朝上，容易积水和积累杂菌，造成污染。瓶口朝下，既可保证湿度，减少杂菌积累，冷风机也不会对瓶口直吹，有利于减少污染。此外，倒立有利于菌丝朝重力方向生长，促进原基形成。因此，在搔菌后，需要翻筐将瓶口倒置催蕾（图4-18）。

图4-18 倒置催蕾

4.7.8 出菇

【标准原文】

6.8 出菇条件

搔菌后，将菌瓶移入生育室，出菇条件如表3所示。

表3 杏鲍菇工厂化栽培出菇条件

出菇阶段	环境温度 ℃	空气相对湿度 %	CO_2 浓度 mg/L	光照度 lx	光照时间 h/d
搔菌后第1 d～第5 d	16	≥95	≤7 000	—	—
搔菌后第6 d～第10 d	16	91～95	≤4 000	200～500	6
搔菌后第11 d至采收	16	91～93	≤3 000	200～500	6

【内容解读】

（1）出菇管理。搔菌后的菌瓶瓶口朝下，放置在生育室层架上进行出菇管理。出菇层架一般为 8 层～10 层，每平方米可放置 360 瓶～450 瓶。出菇管理一般分为催蕾期、控蕾期、疏蕾期、生长期和采收期等阶段（表 4-7）。杏鲍菇子实体最适生长温度为 14 ℃～16 ℃，当高于 19 ℃～20 ℃时，菇体易萎缩，或感染细菌性软腐病，发黄腐烂。

表 4-7 杏鲍菇出菇管理调控参数

阶段	时间 (d)	温度 (℃)	相对湿度 (%)	CO_2 浓度 (μL/L)	光照时间 (h/d)	说明
催蕾期	1～3	16～18	95～98	1 500～2 000	0	瓶口朝下，黑暗，高湿促进菌丝恢复
	4～7	14～16	91～95	1 000～1 500	6	料面恢复，降温，见光，加大通风量，刺激菇蕾形成
	8～9	15～17	91～95	1 500～2 000	6	菇蕾 0.5 cm～1.5 cm，降低湿度，控干生理吐水，翻筐，瓶口朝上
控蕾期	10	16～18	91～95	2 000～4 000	6	高温、高二氧化碳浓度，干湿交替，逆境下较小、较弱的菇蕾萎缩，保留较大、较壮的菇蕾，减少菇蕾数量。高温时间不宜过长，否则子实体容易发黄、萎缩
疏蕾期	11～13	14～16	91～93	2 000～2 500	6	根据菇蕾长势，去弱留强，每瓶留 2 个～3 个菇蕾
生长期	14～16	14～16	91～93	2 000～3 000	6	根据菌柄长度、菇帽大小和颜色，调节二氧化碳浓度和光照时间
采收期	16～17	13～15	85～90	1 500～2 000	6	适度降低温度和湿度，防止温度过高而菇帽开伞；子实体含水量低，容易保存，货架寿命长。根据菇帽开伞程度进行采摘，1 d～2 d 清库、备用

搔菌后，培养料菌丝恢复同时伴随着最早的菌丝扭结，菌丝恢复的速度也影响原基形成的速度，并影响到整个生产周期。出菇初期，提高生育室温度和湿度，可促进菌丝恢复。

第 1 d～第 9 d，催蕾期（图 4-19 至图 4-21）。第 1 d，适应菇房环境；第 2 d，菌丝部分恢复，但数量很少；第 3 d，菌丝明显增多，但还是有栽培料裸露；第 4 d，只有少量栽培料没有被菌丝覆盖；第 5 d，菌丝几乎覆盖全部料面，而且局部出现少量原基；第 6 d，菌丝完全覆盖料面，出现少量生理吐水，菌丝扭结形成大量原基；第 7 d，生理吐水增多，原基越来越明显，部分原基出现向菇蕾分化的趋势；第 8 d，菇蕾分化，菇帽 1 mm～2 mm；第 9 d，菇蕾 0.5 cm～1.5 cm（以下均指高度），翻筐，栽培瓶正置，翻筐不及时，菇帽被压坏，出现畸形菇。

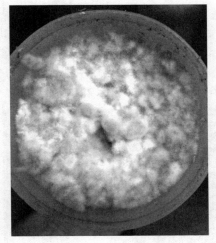

图 4 - 19　菌丝恢复期

图 4 - 20　原基分化期

图 4 - 21　菇蕾形成期

第 10 d，控蕾期（图 4 - 22）。菇蕾 2 cm～3 cm，温度升高，提高二氧化碳浓度，干湿交替，抑制较小、较弱的菇蕾，控干生理吐水。生理吐水过多，菌柄会留下水渍，影响商品性状，而且容易出现病害。

第 11 d～第 13 d，疏蕾期（图 4 - 23）。菇蕾 4 cm～5 cm，去弱留强，每瓶留 2 个～3 个菇蕾。子实体数目与单菇重成反比，与单瓶产量成正比。菇蕾过多，虽然产量较高，但单菇重较小，A 级菇比例小，价格低。只留 1 个子实体，则单瓶产量低，栽培瓶内的营养物质不能完全利用，从而造成浪费；保留 2 个～3 个子实体，符合出口等级的商品菇比例高，单瓶产量也相对较高。

第 14 d～第 16 d，生长期（图 4-24）。子实体快速生长，需根据菌柄长度、菇帽大小和颜色，调节二氧化碳浓度和光照时间。当温度为 17 ℃～18 ℃时，子实体生长较快，但品质差，因此 14 ℃～16 ℃较为合适。

第 16 d～第 17 d，采收期（图 4-25）。降低温度和湿度，子实体含水量低，容易保存，货架寿命长。

图 4-22　控蕾期

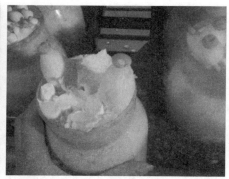

图 4-23　疏蕾期

图 4-24　生长期

图 4-25　采收期

（2）出菇常见问题。

① 菌丝恢复阶段加湿过量，容易发生根霉或毛霉污染（图 4-26），在料面形成蜘蛛丝。加湿过量，还容易形成大量气生菌丝，在瓶颈部内壁的菌丝层上形成原基。

② 菌丝恢复期加湿过少，料面干燥、扎手、收缩，不形成原基，在瓶肩培养料与栽培瓶缝隙处形成原基（图 4-27）。

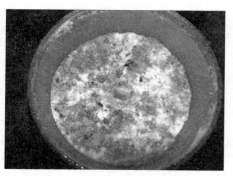

图 4-26　菌丝恢复期加湿过量，料面根霉污染

③ 原基分化期加湿过量，料面生理吐水严重，容易滋生细菌，吐黄水（图 4 - 28）。

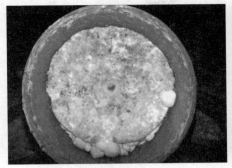 

图 4 - 27　菌丝恢复期加湿过少，　　　　图 4 - 28　原基分化期加湿过量
　　　　　瓶肩缝隙形成原基

④ 原基分化期加湿过少，原基不分化，菇蕾畸形（图 4 - 29）。

⑤ 菇蕾形成期加湿过量，菇帽吐水，容易细菌污染（图 4 - 30）。

图 4 - 29　原基分化期加湿过少　　　　图 4 - 30　菇蕾形成期加湿过量

⑥ 菇蕾形成期加湿过少，菇蕾沿菇帽出现剥皮、开裂（图 4 - 31）。

⑦ 菇蕾形成期二氧化碳浓度过高，菇蕾肚子大、脖子细、帽子小（图 4 - 32）。

⑧ 生长期二氧化碳浓度高，菇柄细、不结实，菇帽小、薄，菇体发黄（图 4 - 33）。

图 4 - 31　菇蕾形成期加湿过少

图 4-32　菇蕾形成期二氧化碳浓度过高　　图 4-33　生长期二氧化碳浓度高

4.7.9　采收

【标准原文】

6.9　采收

菌盖平展、边缘微内卷、孢子尚未弹射时即可采收。

【内容解读】

当菇盖平展，尚未完全展开，边缘微内卷，孢子尚未弹射时，及时采收。采收时，根据菇型和大小分成 3 个～4 个等级，1 d～2 d 清库。

4.8　病虫害防控

【标准原文】

7　病虫害防控

7.1　保持菇房及周围环境的清洁、卫生。

7.2　接种时按照无菌操作要求，接种量充足，严格做好菌种生产及培养环境的消毒和净化，降低菌种污染率；出菇期间控制出菇房内的出菇温度和空气相对湿度，保持良好的通气条件和适宜光照，提高杏鲍菇菌丝体和子实体的抗病抗逆能力；进出菇房随手闭门，防止杂菌或害虫进入菇房；受杂菌污染的菌瓶及时清除，并远离菇房实行封闭式销毁，及时摘除病菇。

7.3　菇房门口地面设置消毒防虫隔离带，菇房内悬挂粘虫板，安装电子杀虫灯，出菇房通气口装防虫纱网。

【内容解读】

大多数木腐菌培养阶段的主要杂菌有链孢霉（图4-34）、绿霉（图4-35）、疣孢霉（图4-36）、根霉（图4-37）、假单胞杆菌（图4-38）、曲霉等，危害很大。

图4-34 链孢霉污染

图4-35 绿霉污染

图4-36 疣孢霉污染

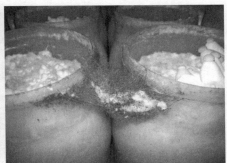

图4-37 根霉污染

图4-38 假单胞杆菌污染

杂菌污染症状与原因如下。

① 同一灭菌批次的栽培瓶全部受杂菌污染，原因是灭菌不彻底（图 4-39），或高温烧菌。

图 4-39　灭菌不彻底

② 同一灭菌批次的栽培瓶部分集中发生杂菌污染，原因是灭菌锅内有死角、温度分布不均匀、部分灭菌不彻底。

③ 以每瓶原种为单位，所接栽培瓶发生连续污染，原因是原种带杂菌。

④ 随机零星污染杂菌，原因是栽培瓶在冷却过程中吸入了冷空气，或接种、培养时感染杂菌。

为了防止培养阶段的杂菌污染，要选用好的灭菌锅，灭菌时锅内温度分布均匀，灭菌要彻底，保证原种无杂菌污染。接种过程严格无菌操作，接种房、培养房环境应清洁、卫生。

出菇阶段，为了防止病虫害发生，保持菇房及周围环境清洁、卫生；接种时按照无菌操作要求，接种量充足，严格做好菌种生产及培养环境的消毒和净化，降低菌种污染率；出菇期间控制出菇房内的出菇温度和空气相对湿度，保持良好的通气条件和适宜光照，提高杏鲍菇菌丝体和子实体的抗病抗逆能力；进出菇房随手闭门，防止杂菌或害虫进入菇房；受杂菌污染的菌瓶及时清除，并远离菇房实行封闭式清除、销毁，及时摘除病菇；菇房门口地面设置消毒防虫隔离带，菇房内悬挂粘虫板，安装电子杀虫灯，出菇房通气口装防虫纱网。

4.9　预冷与包装

【标准原文】

8　预冷与包装

8.1　预冷

采摘后的杏鲍菇可采用强制冷风冷却、真空冷却等方式，预冷温度应为 0 ℃~2 ℃，使杏鲍菇预冷至 2 ℃~4 ℃。

8.2 包装

8.2.1 去除杏鲍菇根部的培养料等杂质。

8.2.2 按不同的杏鲍菇产品规格分别包装，可使用保鲜盒、保鲜箱、纸箱等进行包装。用于产品包装的容器应按产品的大小规格设计，同一规格大小一致，外包装应牢固、整洁、干燥、无污染、无异味、无毒，内壁无尖突物，无虫蛀、腐烂、霉变等，便于装卸、仓储和运输；纸箱无受潮、离层现象；内包装材料应符合 GB 9687 或 GB 9688 的规定。

8.2.3 同一件包装内的产品应摆放整齐、紧密。

【内容解读】

为了延长杏鲍菇保质期，采摘之后包装前需将杏鲍菇预冷至 2 ℃~ 4 ℃，去除其根部的培养料等杂质，按照产品规格采用符合 GB 4806.7 规定的包装材料进行包装，然后采用牢固、整洁、干燥、无污染、无异味、无毒，内壁无尖突物，无虫蛀、腐烂、霉变等，便于装卸、仓储和运输的外包装进行包装（图 4 - 40）。

图 4 - 40 不同包装的杏鲍菇

4.10 储存

【标准原文】

9 储存

9.1 储存杏鲍菇产品的库房应清洁，具有恒温冷藏、防高湿等条件，严禁与有毒、有害、有味的物品混合存放，防止虫蛀、鼠咬、染菌和尘土污染等。

9.2 杏鲍菇储存在冷库，温度控制在 2 ℃～4 ℃，并应及时出库销售。

【内容解读】

　　杏鲍菇储存在 2 ℃～4 ℃的冷库中，冷库保持干燥清洁，并且不存放有毒、有害、有味物品。

4.11 运输

【标准原文】

10 运输

10.1 运输时轻装、轻卸，避免机械损伤。

10.2 运输工具应清洁、卫生、无污染、无杂物。

10.3 运输过程中需有防震、防潮、防晒、防雨、防尘、防污染等措施，不可裸露运输。

10.4 不得与有毒有害物品、鲜活动物混装混运。

【内容解读】

　　采用清洁、卫生、无污染、无杂物的工具进行运输，运输时做好防护，避免机械损伤，并且不能与有毒有害物品、鲜活动物一起运输。

ICS 65.020.20
B 05

中华人民共和国农业行业标准

NY/T 3117—2017

杏鲍菇工厂化生产技术规程

Technical code of practice for industrial production of *Pleurotus eryngii*

2017-09-30 发布

2018-01-01 实施

中华人民共和国农业部 发布

前　言

本标准按照 GB/T 1.1—2009 给出的规则起草。

本标准由农业部种植业管理司提出并归口。

本标准起草单位：上海市农业科学院食用菌研究所。

本标准主要起草人：李玉、周峰、谭琦、李正鹏、李巧珍、于海龙、郭力刚。

杏鲍菇工厂化生产技术规程

1　范围

本标准规定了瓶栽杏鲍菇工厂化生产的产地环境、栽培原料、设施与设备、栽培管理、病虫害防控、预冷与包装、储存、运输等技术要求。

本标准适用于瓶栽杏鲍菇（*Pleurotus eryngii*，学名刺芹侧耳）的工厂化生产。

2　规范性引用文件

下列文件对于本文件的应用是必不可少的。凡是注日期的引用文件，仅注日期的版本适用于本文件；凡是不注日期的引用文件，其最新版本（包括所有的修改单）适用于本文件。

GB 5749　生活饮用水卫生标准

GB 9687　食品包装用聚乙烯成型品卫生标准

GB 9688　食品包装用聚丙烯成型品卫生标准

HG 2940　饲料级　轻质碳酸钙

NY/T 528　食用菌菌种生产技术规程

3　产地环境

3.1　厂区环境

杏鲍菇工厂化生产厂区应地势平坦，排灌方便，3 km 以内无工矿企业污染源，1 km 以内无生活垃圾堆放和填埋场、工业固体废弃物与危险废弃物堆放和填埋场等。

3.2　厂区布局

根据栽培工艺，厂区宜分为原料仓库、装瓶区、灭菌区、冷却区、接种区、培养区、出菇区、产品储藏冷库等。

3.3　栽培环境

栽培环境应洁净、密闭，可对温度、湿度、光照、通风等栽培条件进行调控。

4　栽培原料

4.1　原料质量

原料要求新鲜、洁净、干燥、无虫、无霉、无异味。水和轻质碳酸钙应分别符合 GB 5749 和 HG 2940 的规定。

4.2 原料储存

检验合格的木屑可存放于室外。其他原材料应储放在通风良好、干燥的仓库内，材料与地面用垫仓板隔离。

5 设施与设备

5.1 接种室、培养车间、出菇车间采用封闭式厂房，温度、湿度、CO_2 浓度、光照等参数能进行人工调控，满足适宜的培养和栽培要求。

5.2 工厂化生产设备应根据企业自身的条件和需要进行配备，主要有拌料机、自动装瓶机、高压蒸汽灭菌锅、接种机、搔菌机、挖瓶机、制冷设备、包装机等。

6 栽培管理

6.1 培养料配制

6.1.1 推荐配方

杏鲍菇工厂化生产推荐配方如表 1 所示。

表 1 杏鲍菇工厂化生产推荐配方

单位为百分率

项目	木屑	玉米芯	麸皮	米糠	豆粕粉	玉米粉	轻质碳酸钙	石灰
配方 1	18	40	20	——	10	10	1	1
配方 2	10	51	12	10	10	5	1	1
注：以上配方比例为质量比。								

6.1.2 培养料制备

按照配方要求称取各种原材料，采用机械搅拌，使原材料充分混合均匀，应在 4 h 内完成装瓶，以防止酸败。调节含水量至 $65\% \sim 67\%$。

6.2 装瓶

6.2.1 容器

选用清洁、无破损的栽培瓶和瓶盖。瓶盖内无纺布应无破损、无堵塞；栽培瓶应为耐高温高压的塑料瓶。

6.2.2 装瓶

装瓶高度为瓶口以下 1.0 cm～1.5 cm，松紧度均匀，瓶肩无空隙，中间打孔至瓶底，盖紧瓶盖。建议 1 100 mL 栽培瓶宜装填原料湿重

(740±15) g，其他容积栽培瓶装瓶量可自行优化。

6.3 灭菌

装瓶结束后应立即将栽培瓶放入高压灭菌锅中，121℃保持 120 min。

6.4 冷却

灭菌后的栽培瓶放入冷却室进行冷却，料温冷却至 25℃以下方可进行接种。

6.5 接种

宜使用自动接种机进行接种，菌种生产应符合 NY/T 528 的要求。

6.6 培养条件

接种后，移入培养室，培养条件如表 2 所示。

表 2 杏鲍菇工厂化生产培养条件

培养阶段	环境温度 ℃	空气相对湿度 %	CO_2 浓度 mg/L	光照
接种后第 1 d～第 25 d	22	60～70	≤3 000	避光
接种后第 26 d～第 35 d	24	70～80	≤3 000	避光

6.7 搔菌

对培养期满、无杂菌的菌瓶进行搔菌，搔去老菌块及老菌皮，并搔平料面。

6.8 出菇条件

搔菌后，将菌瓶移入生育室，出菇条件如表 3 所示。

表 3 杏鲍菇工厂化栽培出菇条件

出菇阶段	环境温度 ℃	空气相对湿度 %	CO_2 浓度 mg/L	光照度 lx	光照时间 h/d
搔菌后第 1 d～第 5 d	16	≥95	≤7 000	—	—
搔菌后第 6 d～第 10 d	16	91～95	≤4 000	200～500	6
搔菌后第 11 d 至采收	16	91～93	≤3 000	200～500	6

6.9 采收

菌盖平展、边缘微内卷、孢子尚未弹射时即可采收。

7 病虫害防控

7.1 保持菇房及周围环境的清洁、卫生。

7.2 接种时按照无菌操作要求，接种量充足，严格做好菌种生产及培养环境的消毒和净化，降低菌种污染率；出菇期间控制出菇房内的出菇温度和空气相对湿度，保持良好的通气条件和适宜光照，提高杏鲍菇菌丝体和子实体的抗病抗逆能力；进出菇房随手闭门，防止杂菌或害虫进入菇房；受杂菌污染的菌瓶及时清除，并远离菇房实行封闭式销毁，及时摘除病菇。

7.3 菇房门口地面设置消毒防虫隔离带，菇房内悬挂粘虫板，安装电子杀虫灯，出菇房通气口装防虫纱网。

8 预冷与包装

8.1 预冷

采摘后的杏鲍菇可采用强制冷风冷却、真空冷却等方式，预冷温度应为 0 ℃～2 ℃，使杏鲍菇预冷至 2 ℃～4 ℃。

8.2 包装

8.2.1 去除杏鲍菇根部的培养料等杂质。

8.2.2 按不同的杏鲍菇产品规格分别包装，可使用保鲜盒、保鲜箱、纸箱等进行包装。用于产品包装的容器应按产品的大小规格设计，同一规格大小一致，外包装应牢固、整洁、干燥、无污染、无异味、无毒，内壁无尖突物，无虫蛀、腐烂、霉变等，便于装卸、仓储和运输；纸箱无受潮、离层现象；内包装材料应符合 GB 9687 或 GB 9688 的规定。

8.2.3 同一件包装内的产品应摆放整齐、紧密。

9 储存

9.1 储存杏鲍菇产品的库房应清洁，具有恒温冷藏、防高湿等条件，严禁与有毒、有害、有味的物品混合存放，防止虫蛀、鼠咬、染菌和尘土污染等。

9.2 杏鲍菇储存在冷库，温度控制在 2 ℃～4 ℃，并应及时出库销售。

10 运输

10.1 运输时轻装、轻卸，避免机械损伤。

10.2 运输工具应清洁、卫生、无污染、无杂物。

10.3 运输过程中需有防震、防潮、防晒、防雨、防尘、防污染等措施，不可裸露运输。

10.4 不得与有毒有害物品、鲜活动物混装混运。

主要参考文献

郭美英，1998. 珍稀食用菌杏鲍菇生物学特性的研究 [J]. 福建农业学报（3）：44-49.

黄年来，1998. 一种市场前景看好的珍稀食用菌：杏鲍菇 [J]. 中国食用菌，17（6）：3-4.

黄毅，2011. 图解杏鲍菇的特性与栽培：——杏鲍菇的形态特征和生态特性 [J]. 食药用菌，19（3）：8-11.

潘崇环，孙萍，龚翔，等，2003. 珍稀食用菌栽培与名贵野生菌的开发利用 [M]. 北京：中国农业出版社.

王凤芳，2002. 杏鲍菇中营养成分的分析测定 [J]. 食品科学，23（4）：132-135.

图书在版编目（CIP）数据

杏鲍菇瓶栽工厂化生产实用技术手册 / 周峰，李巧珍，李正鹏主编 . —北京：中国农业出版社，2023.10
ISBN 978 - 7 - 109 - 31308 - 8

Ⅰ.①杏…　Ⅱ.①周…②李…③李…　Ⅲ.①食用菌－蔬菜园艺　Ⅳ.①S646.1

中国国家版本馆 CIP 数据核字（2023）第 204715 号

中国农业出版社出版

地址：北京市朝阳区麦子店街 18 号楼
邮编：100125
责任编辑：冀　刚　冯英华
版式设计：王　晨　　责任校对：吴丽婷
印刷：北京中兴印刷有限公司
版次：2023 年 10 月第 1 版
印次：2023 年 10 月北京第 1 次印刷
发行：新华书店北京发行所
开本：700mm×1000mm　1/16
印张：4.75
字数：85 千字
定价：28.00 元
